Inhalt

Rätsel raten

Ist dir Mathe schon mal hoffnungslos schwierig vorgekommen? Hasst du Mathe sogar und hast beschlossen, dass du damit nichts zu tun haben willst?
So war das bei mir, bis ich dahinterkam, was Mathematik eigentlich ist.
Hoffentlich bekommst du – genau wie ich – einen anderen Eindruck, wenn du dieses Buch liest. Mathematik ist nämlich weder langweilig noch schwer. Eigentlich brauchst du nur das, was du schon weißt und kannst, in deinem Kopf etwas anders zu sortieren.
Nimm dir Zeit beim Lesen, Zeichnen und Rechnen. Denk manchmal genau andersherum!

Kristin Dahl

PS : Das Losungswort der Mathematik heißt MUSTER.

Manche Monate haben 30 Tage, andere 31. Wie viele haben 28 Tage? ***Was hat das mit Mathematik zu tun?*** *Logisches Denken ist bei der Mathematik mindestens genauso wichtig wie rechnen können!*

Antwort: Alle Monate

Nenne die kleinste Anzahl von Vögeln, die in dieser Formation fliegen können: 2 Vögel vor 1 Vogel, 2 Vögel hinter 1 Vogel und 1 Vogel zwischen 2 Vögeln? ***Was hat das mit Mathematik zu tun?*** *Geometrische Muster zu erkennen, das ist Mathematik.*

Antwort: 3 Vögel, einer hinter dem anderen

Ein Bauer hat 17 Schafe. Alle bis auf 9 sterben. Wie viele Schafe bleiben dem Bauern? ***Was hat das mit Mathematik zu tun?*** *Eine Zahl von der anderen abzuziehen ist nicht immer der beste Weg zu Lösung..*

Antwort: 9

In deinem Zimmer ist es dunkel und in der Schublade sind 10 weiße und 10 blaue Socken. Wie viele Socken musst du herausnehmen, damit du ein Paar in derselben Farbe hast? ***Was hat das mit Mathematik zu tun?***

Antwort: 3

Der Arzt verschreibt dir 3 Tabletten und sagt, dass du alle halbe Stunde 1 nehmen sollst. Wie lange dauert es, bis du die letzte Tablette nimmst? ***Was hat das mit Mathematik zu tun?*** *Gegenstände zu messen und zu zählen ist eine wichtige Aufgabe der Mathematik.*

Antwort: 1 Stunde

Jeder ist ein Mathematiker

Was ist Mathematik? Wie die meisten Menschen denkst du vermutlich zuerst an Zahlen und Rechnen, wenn du das Wort Mathematik hörst.

Du hast recht. Zahlen zusammenzuzählen ist ein wichtiger Bestandteil der Mathematik. Wir Menschen zählen wahrscheinlich – so oder so – schon seit vielen Tausend Jahren. Man hat nämlich einen Wolfsknochen mit eingeritzten Kerben gefunden, die eine Rechenhilfe waren. Der Wolfsknochen ist ungefähr 30 000 Jahre alt.

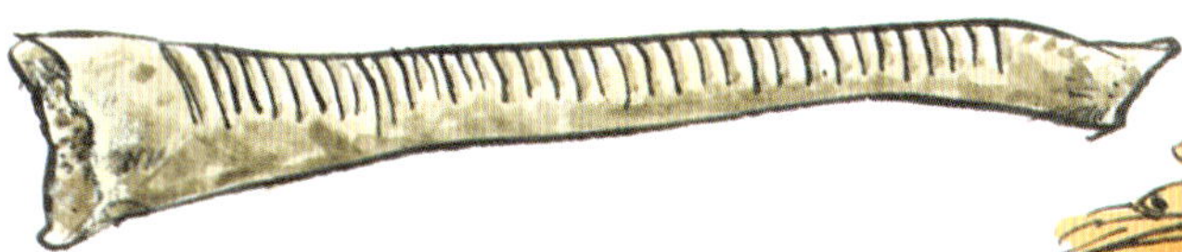

Dass zwei plus zwei vier ergeben, ist eine Tatsache, die länger bestehen wird als das älteste Gestein. Der Granit am Straßenrand ist vielleicht eine kleine Milliarde Jahre alt und wird in ein paar Millionen Jahren zerfallen sein. Und dann sind zwei plus zwei immer noch vier!

Eigentlich ist jeder ein Mathematiker. Guck dir nur das Mädchen an! Sie hat ein Muster für ein Hüpf-Kästchen-Spiel aufgezeichnet und dann hüpft sie und zählt. Sie hüpft auf dem einen Bein und auf dem anderen. Sie hüpft mit beiden Füßen gleichzeitig und dann hüpft sie über Kästchen. Vor und zurück nach einer bestimmten Ordnung. Das ist Mathematik!

Auch das ist Mathematik: Streifen, Vierecke und Sterne, die sich in einer bestimmten Ordnung regelmäßig wiederholen. Hast du schon mal ein regelmäßiges Muster gestrickt oder genäht? Wenn alles gut gegangen ist, ist dein Muster sogar aufgegangen, als du fertig warst. Und dann bist du tatsächlich ein glänzender Mathematiker!

Stickerei auf einem Kleid aus Ramallah. Foto: Vanna Beckman

Wir kaufen Essen ein, holen Geld von der Bank, spielen Lotto, lesen die Sportergebnisse, stricken Pullover, messen Hustenmedizin ab, spielen Karten … Dabei benutzen wir bestimmte, verlässliche Rechenregeln wie 2 + 2 = 4 oder 4 x 13 = 52 (ein Kartenspiel enthält 4 Farben, jede Farbe setzt sich aus 13 Karten zusammen, das ergibt 4 mal 13, also 52 Karten).

Rechenregeln sind wie ein Grundgerüst der Mathematik.

Aber Mathematik ist noch viel mehr!

Mathematik ist eine Sprache

Mathematiker haben eine eigene Sprache. Fantasievolle Wörter wie Quadrat, Topologie, Oktaeder und Primzahl haben sie erfunden, damit sie ihre Arbeit und ihr Werkzeug beschreiben können. Die Sprache der Mathematiker ist für den, der sie nicht beherrscht, unverständlich. Aber so ist das ja mit allen Sprachen. Wir müssen Vokabeln und bestimmte Regeln lernen, wenn wir Sätze zusammenfügen wollen.

Sonst können wir andere Sprachen wie Englisch nicht sprechen und verstehen.
Sogar Eishockeyspieler haben ihre eigene Sprache, aber jeder Sportfan kennt sie.
Das Pfiffige an der Sprache der Mathematik ist, dass sie in der ganzen Welt gleich ist. Sie ist international. Du verstehst vielleicht nicht, was ein englischer – oder japanischer – Junge oder ein Mädchen sagen. Trotzdem würdest du verstehen, wovon ihre Mathebücher handeln.

Die Sprache der Mathematik ist wie ein Code, mit dem man einen mathematischen Gedanken sehr kurz fassen kann. Zum Beispiel sagen wir: »Sechs mal acht sind achtundvierzig.« Ein Mathematiker würde sagen: »Wenn man die Faktoren 6 und 8 multipliziert, ist das Produkt 48.« In der symbolischen Sprache der Mathematiker heißt das: 6 x 8 = 48.

Mathematik ist ein Werkzeug

Wenn Forscher die Natur untersuchen, benutzen sie die Mathematik als Werkzeug. Sie versuchen zum Beispiel herauszubekommen, wie das Universum geschaffen wurde und das Leben entstand. Wenn sie ihre Theorien formulieren, benutzen sie die Sprache der Mathematik.

Mithilfe der Mathematik

- können die Astronomen, die den Raum erforschen, beschreiben, wie die Milchstraße aussieht.

- können die Physiker studieren, wie ein Atom von innen aussieht. Atome sind so klein, dass sie unsichtbar sind. Aber aus ihnen besteht alles im Universum, sogar du. Die Physiker zertrümmern die Atomkerne in noch kleinere Teile. Dafür brauchen sie die Mathematik, damit sie berechnen können, wie diese Teilchen aussehen und wie sie sich verhalten – weil die Teilchen selbst nicht zu sehen sind.

- können Techniker berechnen, wie die Kernkraft eingesetzt wird und wie lange die radioaktiven Abfälle aufbewahrt werden müssen.

- können Biologen errechnen, wie schnell sich Bakterien vermehren.

Mathematik ist ein Hilfsmittel

Im Alltag und im Arbeitsleben ist die Mathematik ein gutes und notwendiges Hilfsmittel. *Jede* Technik benutzt die Mathematik. Ingenieure berechnen, wie Kühlschränke, CD-Spieler, Computer, Brücken, Flugzeuge, Waffen, Satelliten, Häuser und Raumfahrzeuge gebaut werden müssen. Meteorologen, die das Wetter voraussagen, errechnen, wie es in den nächsten Tagen vermutlich sein wird.

Hätte der Konstrukteur besser rechnen können …

Die Tacoma-Brücke in Seattle in den USA wurde 1940 gebaut. Sie war 800 m lang, aber leider war sie falsch konstruiert. Sie wankte und schwankte, sobald nur das geringste Lüftchen wehte.
Vier Monate nachdem die Brücke freigegeben war, kam ein Sturm. Da begann sich die Brücke zu schütteln wie ein frisch gebadeter Hund, der das Wasser loswerden will. Wenige Stunden später brach sie zusammen.
(Glücklicherweise war nur ein Auto auf der Brücke und der Fahrer überlebte.)

Foto: Pressens Bild

Mathematik – das sind Fantasie, Raten und verrückte Ideen

Die Frauen und Männer, die Mathematik erforschen, tun das nicht nur, damit ihre Gedanken, Ideen und neuen Formeln für Ingenieure, Physiker oder Astronomen zu nutzen sind. Nein, sie tun es, weil sie in der Mathematik ihre Fantasie spielen lassen und neue Begriffe und Gedankengebäude schaffen können.
Das kann zum Beispiel so aussehen!

$$\int_a^t f(x)dx = G(t) - G(a)$$

Solche mathematischen Konstruktionen sind oft mit nichts zu vergleichen, was es in Wirklichkeit gibt. Trotzdem hat sich herausgestellt, dass sie nutzbar sind. Früher oder später.
Das wirst du merken, wenn du weiter in diesem Buch liest.
Außerdem wirst du etwas erkennen:

Mathematik ist überall

in Pflanzen und Tieren, Gebäuden und in der Kunst – ja, überall um uns. Wohin wir auch gucken.

Bilder werden zu Ideen

Schau dir diese Figur an! Sie besteht aus vier Seiten und vier Ecken. Es ist ein Viereck, dessen Seiten alle ungleich lang sind.

Jetzt teilen wir jede Seite in der Mitte und markieren die Stellen mit je einem Punkt. Das ergibt vier Mittelpunkte. Dann verbinden wir alle Mittelpunkte mit vier Linien. So bekommen wir eine neue Figur, ein neues Viereck. Das Besondere an diesem Viereck ist, dass die beiden kurzen Seiten genau gleich kurz sind. Und die beiden langen Seiten sind genau gleich lang. Diese Figur nennt man Parallelogramm.

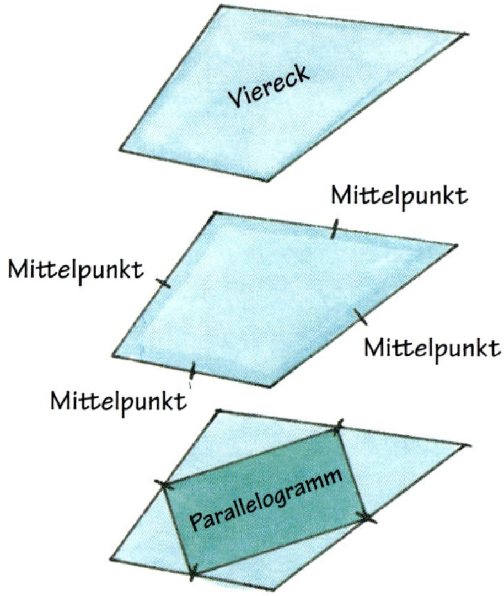

So zeichnen und spielen Mathematiker. Bilder werden zu Ideen und helfen den Mathematikern, Muster und Ähnlichkeiten zu finden, Ordnung und Klarheit.

Wie hoch ist der nächste Turm?

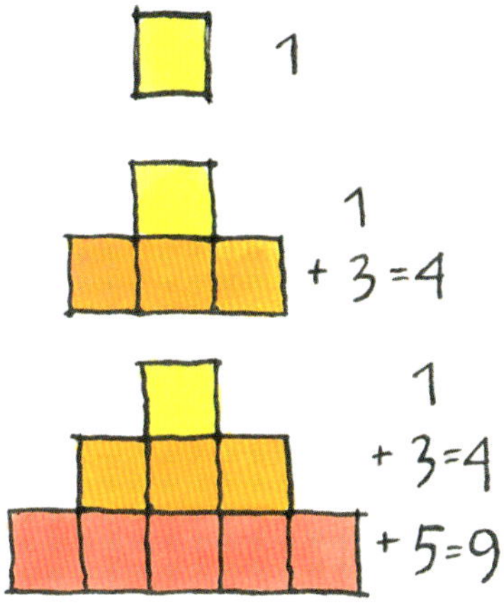

Muster zu finden ist oft der Schlüssel zur Lösung eines Problems (nicht nur in der Mathematik). Wenn du das Muster erst einmal entdeckt hast, kannst du voraussagen, was beim nächsten Schritt passieren wird.

Schau dir die Bilder an! Zuerst ein einsames Viereck. Da alle Seiten gleich lang sind, nennt man es Quadrat. Dann sind es 4 Quadrate und dann 9 Quadrate. Wie viele Quadrate wird der nächste Turm haben?

Zeichne die Figuren ab und zeichne den nächsten Turm und den nächsten und noch mehr.

Im vierten Turm hast du 7 Quadrate hinzugefügt. Dann hast du insgesamt 9 + 7 = 16 Quadrate. So kannst du endlos weitermachen. Schreibe neben die Türme, wie viele Quadrate sie enthalten.

Guck dir die Zahlen 1, 4, 9, 16, 25, 36 … an (die drei Punkte zeigen an, dass die Zahlen sich endlos fortsetzen). Erkennst du die Serie der Zahlen?

Sie werden Quadratzahlen genannt. Was meinst du, warum sie so genannt werden?

Anstelle von Quadraten kannst du auch Dreiecke zeichnen, deren Seiten alle gleich lang sind. Zuerst zeichnest du ein Dreieck. Dann fügst du drei Dreiecke hinzu. Dann hast du 4 Dreiecke, fügst 5 Dreiecke hinzu und hast insgesamt 9 Dreiecke. Und so kannst du deine Figur immer weiter aufbauen. Wie sieht sie schließlich aus?

(Wenn du willst, kannst du die Dreiecke mit verschiedenen Farben anmalen und bekommst ein Muster.)

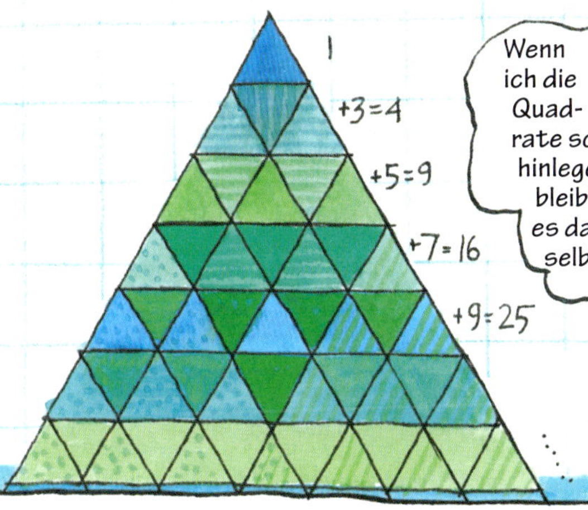

Dreiecke aus Streichhölzern

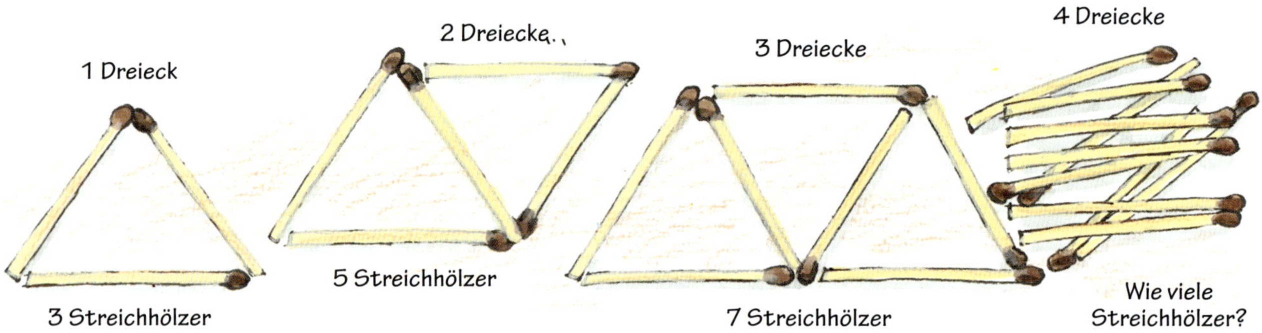

Nimm dir eine Schachtel Streichhölzer.

Für 1 Dreieck brauchst du 3 Streichhölzer, für 2 Dreiecke 5, für 3 Dreiecke 7 und so weiter. Lege immer mehr Dreiecke.

Wie viele Streichhölzer brauchst du für 4, 5 und 6 Dreiecke? Wie viele brauchst du für 10? Und für 11 Dreiecke?

So weit ist es noch ziemlich einfach, die Streichhölzer zu legen und zu zählen. Aber wie viele Streichhölzer brauchst du für 39 Dreiecke? Und für 85 und 100?

Das kann man leichter herausbekommen, wenn man sich eine Tabelle macht, und zwar so:

1	3	= 1+2
2	5	= 1+4 = 1+2×2
3	7	= 1+6 = 1+3×2
4	9	= 1+8 = 1+4×2

Gibt es einen Zusammenhang zwischen der Anzahl der Dreiecke und der der Streichhölzer?

Muster legen

Wenn man eine Flickendecke näht, einen Badezimmerfußboden fliest oder die Kästchen auf kariertem Papier anmalt, erzeugt man ein geometrisches Muster.

Wir Menschen haben seit Urzeiten Platten gelegt und Stofflappen zu schönen Mustern zusammengenäht. Es gibt viele geschickte Künstler.

Flickendecke. Foto: Bo Appeltofft

Das Typische an dieser Kunst ist, dass sich dasselbe Muster ständig wiederholt. Ränder, Vierecke, Dreiecke, Sterne und Kreise werden so regelmäßig wiederholt, dass man das Muster mathematisch beschreiben kann.

In der Natur gibt es ähnliche Muster: Spinnennetze, die Wachswaben der Bienen, den Panzer der Schildkröte, das Fell der Giraffe und die Risse in getrocknetem Ton. Alles sind Beispiele dafür, wie die Natur eine Fläche mit einem mehr oder weniger gleichmäßigen geometrischen Muster überzieht.

Wenn du dich umschaust, wirst du eine Menge solcher Muster entdecken. Mach dich mit ein paar Freunden auf die Suche. Nehmt Papier und Bleistift mit, damit ihr die Muster abzeichnen könnt, die ihr seht. Oder fotografiert sie.

Wie sehen die Muster auf Gehwegen, Kanaldeckeln, Zäunen und Fassaden von Häusern aus? Welche Muster haben Tapeten, Fußböden, Teppiche, Gardinen, Decken, Kissen?

Vergleiche die verschiedenen Muster und beschreibe sie. Sind die Muster regelmäßig? Bestehen sie aus Dreiecken, Quadraten, Rechtecken oder anderen Vielecken?

Mosaike

Wenn man Mosaike legt, fügt man geometrische Figuren so zusammen, dass sie eine Fläche bedecken. Es dürfen keine Zwischenräume entstehen. Und die Figuren dürfen einander nicht überlappen.

Wir wollen einmal untersuchen, wie man aus gleichseitigen Dreiecken, Quadraten und regelmäßigen Fünfecken, Sechsecken, Achtecken und Zwölfecken ein Mosaik bilden kann.

Mit einigen dieser Vielecke lässt sich leichter ein Mosaik bilden als mit anderen. Es entstehen keine Zwischenräume, wenn wir Dreiecke Seite an Seite legen oder Quadrate oder Sechsecke. Legen wir jedoch Achtecke Seite an Seite, entstehen Zwischenräume, die quadratisch geformt sind. Fünf- und Zwölfecke lassen anders geformte Zwischenräume entstehen.

Das brauchst du: *farbiges Papier, Pappe, Stift, Schere, Klebstoff.*

Vorlagen für die regelmäßigen Vielecke findest du auf den Umschlaginnenseiten. Am einfachsten ist es, sie in einem Kopierer zu vervielfältigen, dann kann man sie auch gleich vergrößern. Dann die Vorlagen ausschneiden, sie nebeneinander auf farbiges Papier oder Pappe legen, den Umriss nachzeichnen und viele Formen in mehreren Farben ausschneiden. Probiere verschiedene Möglichkeiten aus, geometrische Figuren zu legen. Zunächst kannst du von einer Figur ausgehen. Dann kannst du verschiedene Formen miteinander verbinden. Zum Beispiel kannst du

- *sie Seite an Seite legen*
- *oder Ecke gegen Ecke*
- *einen gleichmäßigen Abstand zwischen den Figuren einhalten.*

Entstehen Zwischenräume oder bilden deine »Platten« ein Mosaik? Bei welchen Formen entstehen Zwischenräume?

Naum Gabo

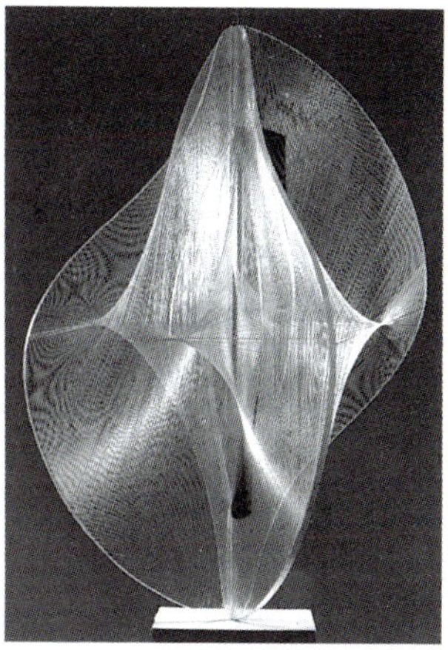

Skulptur von Naum Gabo
Foto: Nationalmuseum

Naum Gabo ist der Name eines Künstlers. Er wurde 1890 in Russland geboren, wanderte in die USA aus und lebte dort bis zu seinem Tod im Jahr 1977. Er schuf Skulpturen, indem er Fäden zwischen unterschiedlich gelochte Rahmen spannte. Auf diese Weise entstanden hübsche Kurven und Muster. Auch das ist eine Möglichkeit, Ordnung zu schaffen.
Leicht kann man ein ähnliches Muster bekommen, indem man auf einem Stück Papier zwei gerade Linien zieht, sie in Zentimeter einteilt und jede Markierung nummeriert.

Wir beginnen damit, dass wir zwei Linien ziehen, die parallel sind, das heißt, sie schneiden einander nie, ganz gleich, wie lang wir sie ziehen. Wir teilen beide Linien in 10 Zentimeter auf und markieren jeden Zentimeter. Dann verbinden wir die Zahlen, die zusammen 10 ergeben. Alle Verbindungslinien treffen sich in einem Punkt.

0 + 10 = 10
1 + 9 = 10
2 + 8 = 10
3 + 7 = 10
4 + 6 = 10
und so weiter

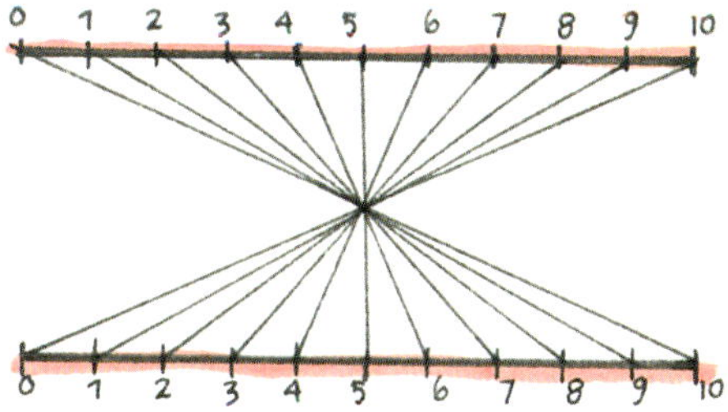

Aber was ergibt es, wenn wir stattdessen zwei eingeteilte Linien nehmen, die in verschiedene Richtungen gehen?
Jetzt können wir die Zahlen miteinander verbinden, die zusammen 13 ergeben.
Was für eine hübsche Kurve daraus geworden ist! Obwohl alle Linien, die wir gezogen haben, gerade verlaufen.

1 + 12 = 13
2 + 11 = 13
3 + 10 = 13
4 + 9 = 13
und so weiter

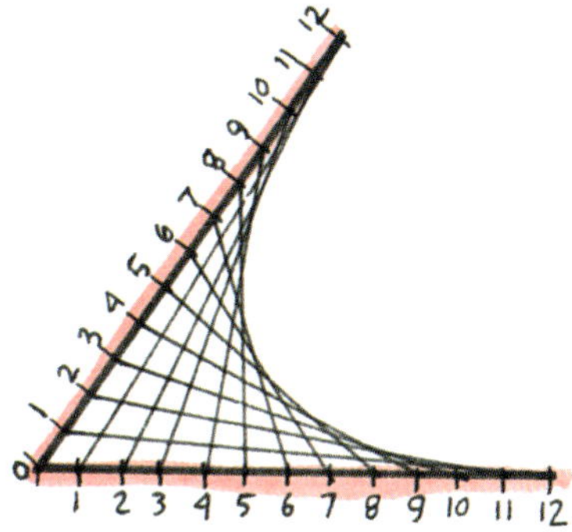

Ziehe zwei Linien. Markiere und nummeriere mithilfe eines Lineals jeden Zentimeter. Verbinde die Zahlen, zum Beispiel die, die zusammen 17 ergeben.
Du kannst auch Dreiecke oder Quadrate zeichnen und verschiedene Arten, Zahlen miteinander zu verbinden, untersuchen.

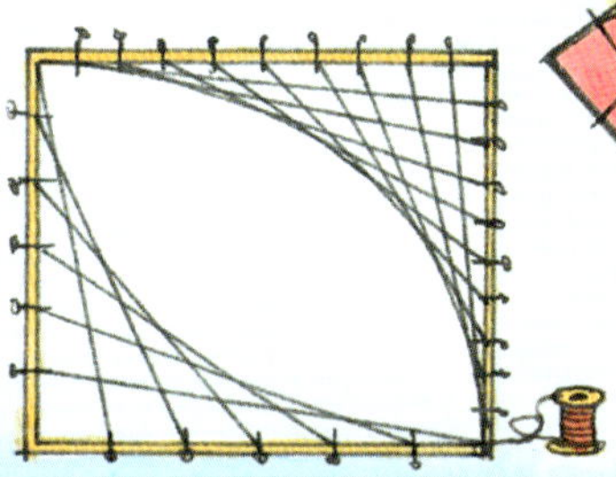

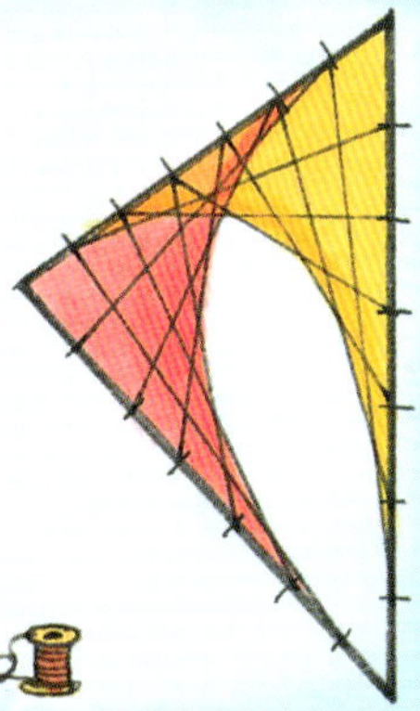

Kreismuster

Kreise zeichnet man am einfachsten mit einem Zirkel. Der Kreis ist ganz rund. Das bedeutet, dass der Mittelpunkt des Kreises überall gleich weit vom Umkreis entfernt ist. Dieser Abstand wird Radius genannt. (Zwei Radien ergeben den Durchmesser.)

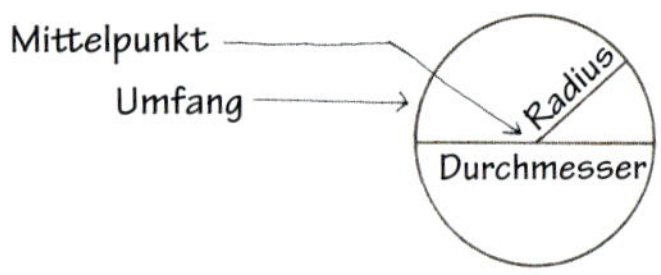

Zeichne mithilfe eines Zirkels einen Kreis. Der Abstand zwischen den Schenkeln des Zirkels ist der Radius. Halte diesen Abstand ein und markiere Punkte am Umkreis. Du wirst feststellen, dass du 6 Punkte machen kannst. Der Radius passt also genau 6-mal in den Umkreis. Wie klein oder groß dein Kreis auch ist, immer kommt dasselbe heraus.

Jetzt kannst du von dem Kreis und den 6 Punkten ausgehen und verschiedene Muster machen. Hier sind einige Beispiele!

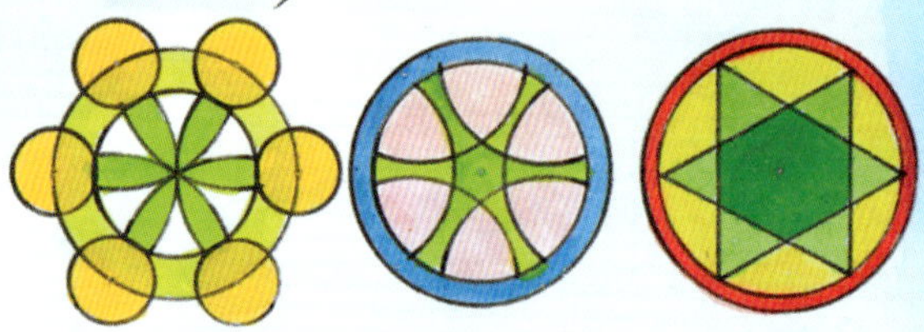

Große Kreise zeichnen

Draußen kannst du einen Kreis mithilfe von zwei Stöcken und einer Schnur zeichnen.

- *Binde an jedem Ende der Schnur einen Stock fest.*
- *Stecke den einen Stock fest in die Erde.*
- *Führe den anderen Stock im Kreis herum und halte dabei die Schnur so gespannt wie möglich.*

Die Schnur ist der Radius im Kreis. Wenn du längere oder kürzere Schnüre nimmst, kannst du unterschiedlich große Kreise zeichnen.

Zusammen mit einem Freund kannst du in großem Stil arbeiten. Ihr könnt zum Beispiel untersuchen, wie groß der Kreis ist, der auf eurem Schulhof Platz findet.

Auf Asphalt brauchst du eine Dose als Mittelpunkt. Lege die Schlaufe am Ende der Schnur locker um die Dose und zeichne am anderen Ende mit Kreide.

Pythagoras – die Sagengestalt der Mathematik

Pythagoras war ein berühmter griechischer Mathematiker. Er lebte vor 2500 Jahren und ist eine Art Sagengestalt. Von ihm werden sehr merkwürdige Geschichten erzählt. Zum Beispiel, dass er einmal mit einer giftigen Schlange kämpfte und sie totbiss! Es heißt auch, dass Pythagoras hundert Jahre alt geworden ist, und oft befindet er sich in den Geschichten an verschiedenen Orten – gleichzeitig.

Sicher wissen wir, dass Pythagoras auf der griechischen Insel Samos aufwuchs und Physik und Mathematik studierte. Er bereiste viele Länder, ehe er sich in Süditalien niederließ. Dort gründete er eine Schule für junge Männer. Sie studierten unter anderem Religion, Musik und Mathematik und bildeten darüber hinaus einen geheimen Bund.

Einige seiner Schüler nannte Pythagoras *Mathematikoi*. Das waren Männer, die lange studiert hatten. Das Wort kann man mit Mathematiker übersetzen. Zu jener Zeit bedeutete es Wissenschaftler.

Pythagoras hat also das Wort *Mathematik* erfunden. Aber am bekanntesten wurde er durch den *Satz des Pythagoras*.

Hole dir zwei Freunde zu Hilfe und besorge dir drei Schnüre, die 3, 4 und 5 Meter lang sind. Jeder von euch muss zwei Schnurenden festhalten. Die Enden müssen sich treffen. Derjenige von euch, der die beiden kürzeren Schnüre hält, stellt sich in eine Ecke. Spannt die Schnüre!

Was ist das für eine Art Winkel, der sich bei dem, der in der Ecke steht, zwischen den Schnüren bildet?

- *Zeichne ein rechtwinkliges Dreieck, dessen Seiten 3, 4 und 5 Zentimeter lang sind. Benutze ein Lineal. (Ein rechter Winkel hat 90 Grad.)*
- *Errechne dann die Fläche der Quadrate, die man über jeder Seite des Dreiecks zeichnen kann.*
- *Suche nach dem Zusammenhang.*
- *Nimm mehr Beispiele. Vielleicht ein rechtwinkliges Dreieck mit 5, 12 und 13 Zentimeter langen Seiten. Errechne die Fläche der Quadrate über den Rechteckseiten.*

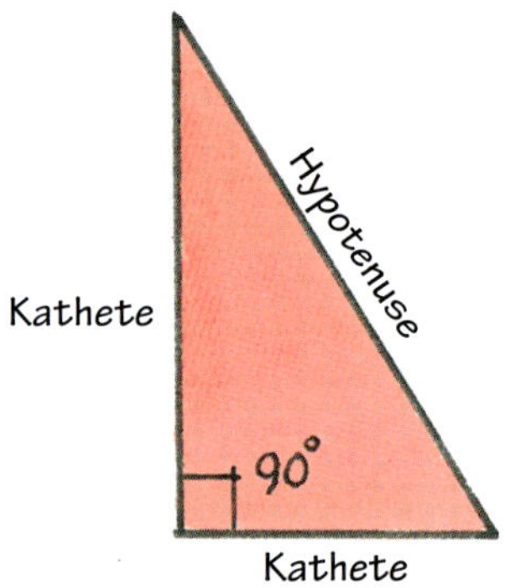

Der Satz des Pythagoras beschreibt rechtwinklige Dreiecke, und hoffentlich ergab sich ein rechtwinkliges Dreieck, als du mit deinen Freunden die Schnüre gespannt hast. Bei allen rechtwinkligen Dreiecken gibt es einen besonderen Zusammenhang zwischen den drei Seiten.

Die beiden kürzeren Seiten, die den rechten Winkel bilden, werden *Katheten* genannt. Die dritte Seite – die längste – heißt *Hypotenuse.*

Der Zusammenhang der Seiten ist der:

Die eine Kathete mit sich selbst multipliziert plus die andere Kathete mit sich selbst multipliziert ist gleich der Hypotenuse mit sich selbst multipliziert.

Also 3 x 3 + 4 x 4 = 5 x 5. Das sind 9 + 16 = 25. Genau das, was du vorher bei den Flächen der Quadrate errechnet hast!

Mathematiker schreiben 3^2 statt 3 x 3. Sie schreiben 4^2 statt 4 x 4 und 5^2 statt 5 x 5. Sie sagen »3 hoch 2«, »4 hoch 2« und»5 hoch 2«.

Also $3^2 + 4^2 = 5^2$.

(Der Witz daran, 3 x 3 als 3^2 zu schreiben, ist der, dass man dann ganz einfach $3 \times 3 \times 3 \times 3 = 3^4$ und so weiter schreiben kann.)

Nach dem Satz des Pythagoras besteht dieser besondere Zusammenhang zwischen den Seiten *aller* rechtwinkligen Dreiecke.

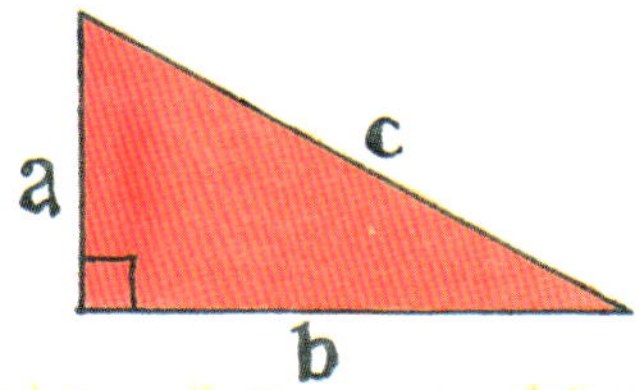

Dann können wir die Seiten *a*, *b* und *c* nennen und der Satz (die Formel) sieht so aus:

$$a^2+b^2=c^2$$

Pythagoras hat aber den Satz des Pythagoras gar nicht erfunden! Zu seinen Lebzeiten war die Formel schon seit mehr als tausend Jahren bekannt, wie wir wissen, auch in China. Formeln werden nämlich häufig geschaffen, weil Menschen sie brauchen. Man weiß nicht genau, wieso der Satz nach Pythagoras benannt ist. Vielleicht hat er einen Beweis dafür erbracht – es gibt mehrere Hundert davon!

Du bist dran

1

Bringe selbst einen Beweis für den Satz des Pythagoras. Du kannst ihn wie ein Puzzle legen. Der erste Beweis ist tausend Jahre alt und kommt aus Indien.

*Zuerst stellst du 5 Puzzleteile her. Zeichne ein rechtwinkliges Dreieck, egal, was für eins. Nenn die Seiten **a**, **b** und **c**. Kopiere es viermal und schneide die Dreiecke aus. Das fünfte Puzzleteil ist ein Quadrat mit der Seitenlänge **b – a**, also die lange Kathete minus der kurzen. Mit einem Lineal messen und zeichnen; dann ausschneiden.*

Lege die Teile zu einem Quadrat zusammen, bei dem die Hypotenusen die Seiten bilden. Die Fläche beträgt $c \times c = c^2$. Leg die Teile dann so, dass sie die Figur darunter bilden. Findest du die Quadrate der Katheten, also $a \times a = a^2$ und $b \times b = b^2$?

Da du die Fläche aus c^2 und dann $a^2 + b^2$ aus den gleichen Puzzleteilen gelegt hast, hast du bewiesen, dass $a^2 + b^2 = c^2$ ergibt.

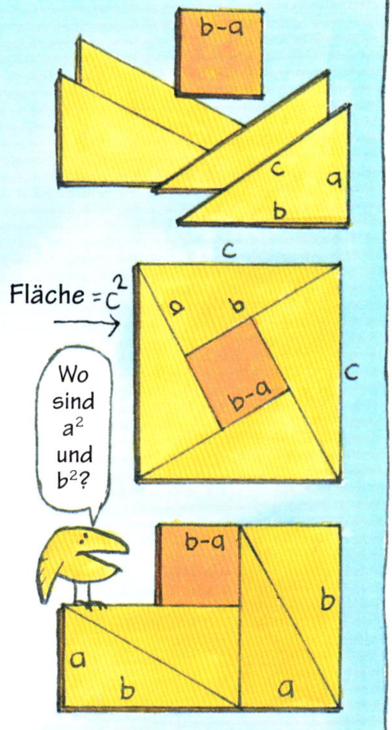

2

*Jetzt brauchst du wieder 4 Kopien eines rechtwinkligen Dreiecks mit den Seiten **a**, **b** und **c**. Außerdem brauchst du 3 Quadrate: $a \times a = a^2$, $b \times b = b^2$ und $c \times c = c^2$. Also 7 Puzzleteile.*

*Zeichne außerdem einen quadratischen Rahmen mit den Seiten **a + b**, in den du die Puzzleteile legst.*

- *Benutze zunächst 6 Puzzleteile – 4 Dreiecke und die 2 kleinen Quadrate a^2 und b^2. Lege sie in den Rahmen, sodass sie die ganze Fläche bedecken.*
- *Dann legst du die 4 Dreiecke und das große Quadrat c^2 so, dass die Fläche bedeckt wird.*

Wieso beweist das, dass $a^2 + b^2 = c^2$ ergibt?

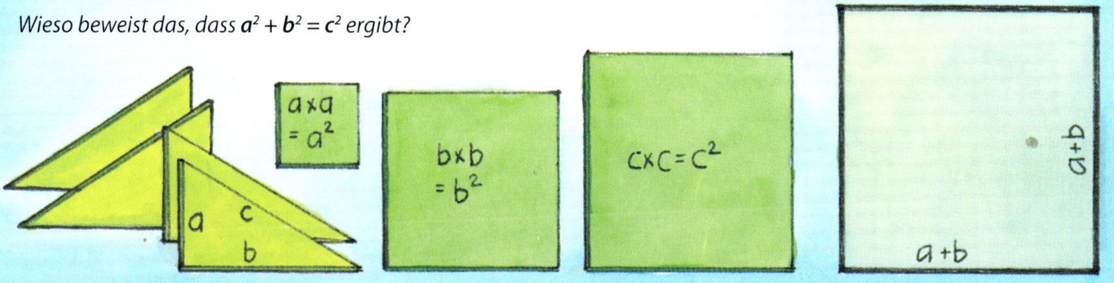

Zuerst bis 20 und Hekaton

Dies ist ein altes Mathe-Spiel für zwei Personen. Wer anfängt, nennt die Zahl 1 oder 2. Dann nennt man abwechselnd die nächste Zahl, indem man entweder 1 oder 2 hinzufügt. Wer schließlich 20 sagt, hat gewonnen.

- Lass deinen Freund beginnen. Nimm an, dass er 2 sagt.
- Dann entscheidest du dich vielleicht, 2 hinzuzufügen. Du sagst also 4.
- Dein Freund entscheidet, 1 hinzuzufügen, sagt also 5.
- Du fügst vielleicht auch 1 hinzu und sagst also 6.
- Dein Freund fügt 2 hinzu, sagt also 8.
- Wechselt euch weiterhin ab. Wer zuerst 20 sagt, hat gewonnen.

Gibt es einen Trick, damit du sicher gewinnst? Bestimmte Zahlen sind Schlüsselzahlen. Welche Zahl musst du beim vorletzten Mal nennen, damit du gewinnst?

Hekaton

Hier geht es darum, zuerst auf 100 zu kommen. Das Spiel nennt man *Hekaton.*

- Dein Freund beginnt, indem er irgendeine Zahl zwischen 1 und 10 nennt.
- Dann fügst du eine Zahl hinzu, die ebenfalls nicht größer als 10 sein darf.
- Dann fügt dein Freund irgendeine Zahl zwischen 1 und 10 hinzu. Wechselt euch weiterhin ab. Wer zuerst 100 sagt, hat gewonnen.

Welche Zahl ist die Schlüsselzahl? Welche Zahl musst du beim vorletzten Mal nennen, damit du gewinnst?
Du kannst auch eine eigene Variante dieses Spiels erfinden.

Überall ist Symmetrie

Mathematiker haben zwar eine Menge erfunden, nicht aber die Symmetrie. Die ist überall.
Unter Symmetrie verstehen wir im Allgemeinen, dass man etwas in zwei Hälften teilen kann. Die eine Hälfte ist das Spiegelbild der anderen. Nimm zum Beispiel einen Apfel. Du weißt, wie er aussieht, wenn du ihn der Länge nach durchschneidest. Wie sieht er aus, wenn du ihn quer durchschneidest?

Um dich herum gibt es überall Symmetrie. Schau dir zum Beispiel Flugzeuge oder Autos an, Hunde, Katzen und Menschen, Bäume, Laub und Blumen.
In der Mathematik und in der Physik hat Symmetrie eine große Bedeutung. Auch wenn die Mathematiker die Symmetrie nicht erfunden haben, ist es doch typisch für sie, dass sie sie exakt beschrieben haben. Sie sagen:
»Symmetrie eines Gegenstandes bedeutet, dass man ihn drehen, spiegeln, bewegen oder etwas anderes damit machen kann, ohne dass der Gegenstand sein Aussehen verändert.«
Der menschliche Körper hat genau wie der der meisten Tiere *eine* Symmetrieachse. Das ist eine angenommene Linie, die einen Gegenstand in zwei Hälften teilt. Die eine ist das Spiegelbild der anderen. Das nennt man *Spiegelsymmetrie* oder Links-rechts-Symmetrie. Genau wie der Mensch haben Fische, Insekten, Spinnen, Vögel und Säugetiere eine Spiegelsymmetrie.

Male mit Wasserfarben ein Muster auf die eine Hälfte eines Stückes Papier. Vielleicht malst du auch die eine Hälfte eines Schmetterlings. Knick das Papier in der Mitte. Der Knick ist die Symmetrieachse. Jetzt presst du die feuchte Farbe auf die leere Papierhälfte. So bekommst du ein Spiegelbild, vielleicht die andere Hälfte vom Schmetterling.
Schreibe oder male alle Buchstaben des Alphabets. Welche Buchstaben sind symmetrisch? Welche nicht?

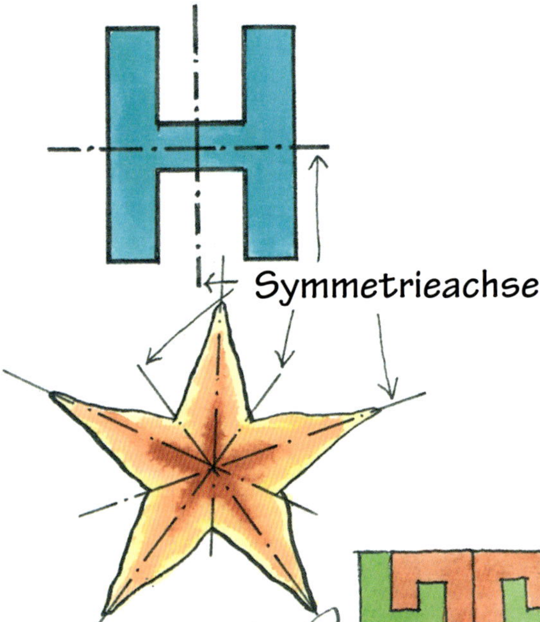

Gegenstände können 2 Symmetrieachsen haben wie der Buchstabe H.

Es gibt auch eine *Rotations-Symmetrie*. Das bedeutet, dass du einen Gegenstand weniger als eine volle Drehung drehen kannst, und er sieht immer noch genauso aus wie vorher.

Ein Beispiel dafür ist ein fünfarmiger Seestern. Er hat 5 Symmetrieachsen, und wenn du ihn eine Fünftelumdrehung drehst, sieht er noch genauso aus wie vorher, obwohl du die Lage jedes Zackens verändert hast.

Die Muster auf dieser Seite sind symmetrisch. Sie sehen immer gleich aus, egal, ob du die Platten seitlich verschiebst, sie herumdrehst oder sie an einer Symmetrieachse spiegelst.

Nimm einen Freund mit und suche nach Symmetrien. Welche symmetrischen Formen und Muster findet ihr? Macht das Ganze ein wenig komplizierter, indem ihr nur nach Rotations-Symmetrie sucht. Nehmt Papier und Bleistift mit. Dann könnt ihr die Formen und Muster abzeichnen. Zeichnet die Symmetrieachsen ein.

Fraktale – praktische Erfindungen

*Ein Fraktal, das **Mandelbrot-Menge** heißt. Es wurde von einem Computer gezeichnet, der wieder und wieder eine mathematische Formel berechnete.* *Bild: Sten Jansin*

Wie beschreibt man am besten die verschiedenen Formen der Natur, wie Bäume, Wolken, Berglandschaften, Blitze, Korallenriffe und Sterne?

Man benutzt dafür oft Wörter wie Linie, Kreis und Dreieck. Die Grenze zwischen Ufer und Meer nennt man Küstenlinie. Wir sagen, der See ist kreisrund und der Berg spitz wie ein Dreieck.

Kreise, Quadrate, Dreiecke und Würfel sind Formen, die der Mensch in Tausenden von Jahren bei der praktischen Arbeit benutzt hat, zum Beispiel, um Häuser und Brücken zu bauen. Wir beziehen uns also auf dieselben Formen, wenn wir die Natur beschreiben wollen.

Wenn Mathematiker solche Formen untersuchen und beschreiben, nennt man das *Geometrie.*

Schau dir den Baum rechts an! Sieht er nicht aus wie ein Oval (oder eine Ellipse)? Das trifft die Sache ziemlich gut, solange du den Baum aus großem Abstand betrachtest. Wenn du ihn aber näher anschaust – alle Zweige und Blätter –, ist die Beschreibung nicht so gut. Das meiste in der Natur ist ja kantig oder gebrochen. Dann stimmen die geraden Linien und Kreise der normalen Geometrie nicht mehr.

Mathematiker nennen gebrochene Formen Fraktale. (Das kommt von dem lateinischen Wort fractus = gebrochen.)
Typisch für Fraktale ist also, dass sie gebrochen sind. Außerdem wiederholt sich dasselbe Muster wieder und wieder, wenn man immer kleinere Ausschnitte betrachtet. Man sagt, Fraktale sind sich ähnlich.
Das ist eine Form der Symmetrie: Wenn ein Ausschnitt des Fraktals vergrößert wird, gibt es das ganze Fraktal wieder. Wie bei einem Blumenkohlkopf! Jeder kleine Teil des Kopfes sieht in der Vergrößerung fast genauso aus wie der ganze Blumenkohlkopf.
Computer können Fraktale zeichnen, zum Beispiel die Mandelbrot-Menge auf dem Bild auf S. 23 (dieses Fraktal heißt so nach dem Mathematiker Benoît Mandelbrot, der es 1980 entdeckte). Wieder und wieder hat der Computer eine mathematische Formel errechnet und dann entsteht das Bild.

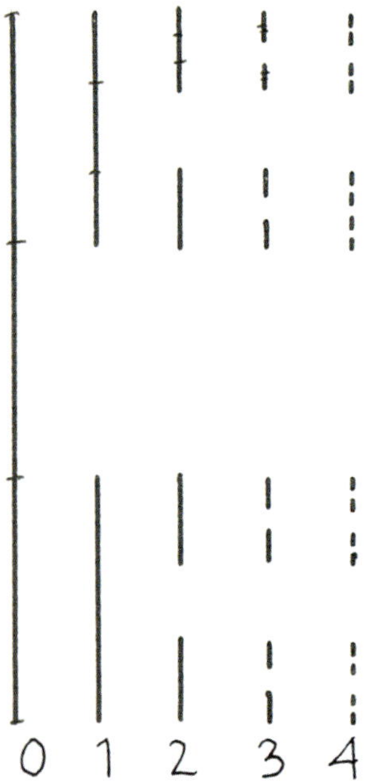

Fraktale zeichnen

Vor gut hundert Jahren studierte der deutsche Mathematiker Georg Cantor gebrochene Formen. Dabei wirkt es tatsächlich ein wenig verrückt, die Linien zu zerhacken, wie er es tat! Aber was dabei herauskam, die *Cantormenge*, ist die Grundlage jener Mathematik, die von Fraktalen handelt.
Cantor begann mit einem Strich. Er teilte ihn in drei gleich große Teile. Dann nahm er das mittlere Drittel weg. Jetzt hatte er noch zwei Striche. Beide teilte er in drei gleich große Teile und dann nahm er das mittlere Drittel wieder weg.
Beim zweiten Schritt waren noch vier Striche übrig. Diese teilte er auf beiden Seiten in drei gleich große Teile. Beim dritten Schritt nahm er das mittlere Drittel der vier Striche weg. Und so weiter und so weiter.
Zeichne selbst weiter. Wie viele Striche bleiben nach Schritt 4, 5 und 6 übrig?
Cantor stellte sich vor, dass der Strich in unendlich viele Punkte zerlegt werden sollte. Das sind Fraktale.

Ein schwedischer Mathematiker fand Anfang des 20. Jahrhunderts ein weiteres berühmtes Fraktal. Er hieß Helge von Koch und das Fraktal wird *Koch-Kurve* genannt.

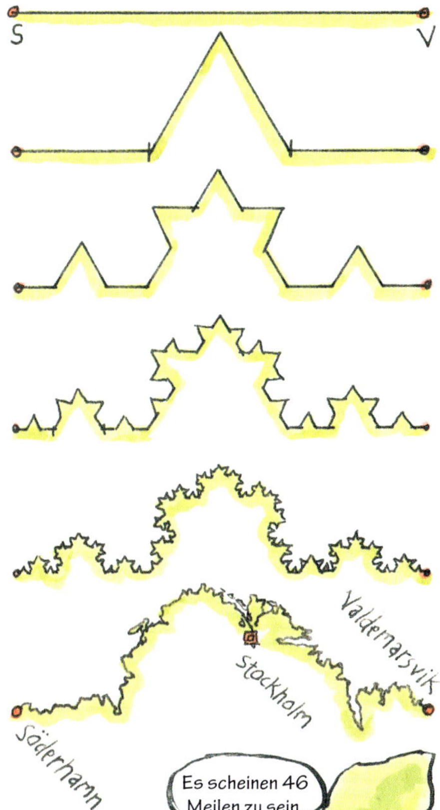

Wir zeichnen die Strecke S–V und teilen sie in drei gleich große Teile. Dann nehmen wir den mittleren Teil weg und fügen zwei Seiten eines gleichseitigen Dreiecks hinzu. (In einem gleichseitigen Dreieck sind alle Seiten gleich lang.) Es entsteht eine Figur mit vier gleich langen Seiten.
Wir wiederholen dieses Vorgehen bei jeder Seite der Figur. Also:

- Jede Seite wird in drei Teile geteilt.
- Der mittlere Teil jeder Seite wird weggenommen.
- Jede Seite wird weiter aufgebaut mit zwei Seiten eines gleichseitigen Dreiecks.

Mit jeder neu gebildeten Seite machen wir es genauso. Die Figur wird immer bizarrer.

Helge von Koch stellte sich vor, dass man die Strecke in unendlich vielen Schritten dreiteilen kann. Dann wird sie in eine unendlich lange Kurve verwandelt, die an jedem Punkt gebrochen wird – ein Fraktal. Die Koch-Kurve ist ein mathematisches Modell, das ganz gut eine Küstenstrecke wiedergibt, zum Beispiel die zwischen Söderhamn und Valdemarsvik in Schweden. Sie könnte aber auch die Kontur einer Bergkette oder eines Korallenriffs sein.

Je genauer, desto länger

Wie lang ist die Strecke zwischen Söderhamn und Valdemarsvik eigentlich?
Wir könnten mit einem Stück Schnur auf einer Landkarte die Küstenlinie von Söderhamn bis Valdemarsvik formen und messen die Länge der Schnur. Mithilfe der auf der Landkarte angegebenen Skala errechnen wir die Länge der Küstenstrecke.
Eine zweite Methode wäre es, mit einem Zollstock an der Küste entlangzugehen. Dann würde jede Landzunge und jede Bucht gemessen. Alle Ausbuchtungen der Ufer würden erfasst werden und die Küstenstrecke würde viel länger werden als die mit der Kartenmethode ermittelte.

Wenn stattdessen eine Ameise die Strecke messen würde, würde jedes Sandkorn die Länge beeinflussen. Die Küstenstrecke würde mächtig lang werden.
Damit wird klar, dass die Länge immer mehr zunimmt, je genauer man misst. Sie scheint unendlich werden zu können.
Dann kann es manchmal praktisch sein, wenn man ein mathematisches Modell benutzt. Zum Beispiel ein Fraktal wie die Koch-Kurve.

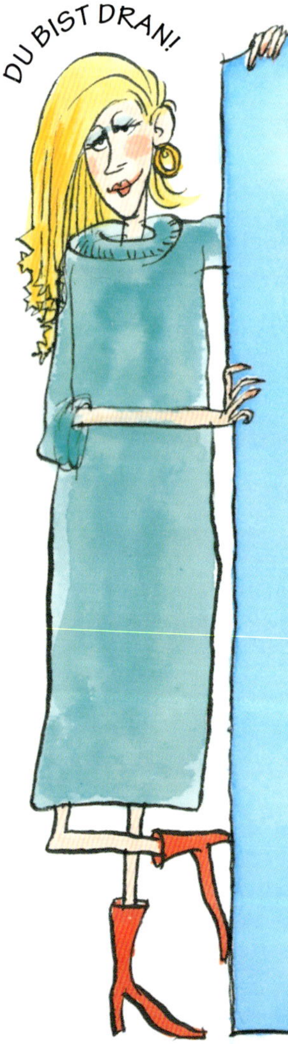

Du brauchst Papier, Bleistift und Lineal.

Zeichne zuerst ein gleichseitiges Dreieck, jede Seite 9 cm lang.

Schritt 1: *Teile jede Dreieckseite in drei gleiche Teile. Nimm das mittlere Drittel jeder Dreieckseite weg. Füge an jeder Leerstelle zwei Seiten eines gleichseitigen Dreiecks hinzu.*

Schritt 2: *Wiederhole den Vorgang. Also: Teile jede Seite in drei gleiche Teile. Nimm das mittlere Drittel jeder Seite weg und füge zwei Seiten eines gleichseitigen Dreiecks hinzu.*

Schritt 3 und 4: *Du kannst das so lange wiederholen, wie du willst.*
Dies sind die ersten Schritte zur Konstruktion eines Fraktals, das die Variante einer der Koch-Kurven ist. Woran erinnert das Fraktal?

Wie viele Seiten hat die Figur nach ***Schritt 1****? Und nach* ***Schritt 2 und 3****? Wie viele Seiten hat die Figur nach* ***Schritt 10****? Und nach* ***Schritt n*** *(n bedeutet eine beliebige Zahl)? Lege eine Tabelle an und benutze einen Taschenrechner.*

Ein Tipp: Wenn du vorher das Gedankenlese-Spiel von Seite 30 machst, weißt du, wie du mit der Zahl n arbeiten kannst.

Am Anfang war die Seite des Dreiecks 9 cm lang. Wie lang ist die eine Seite der Figur nach ***Schritt 1****?*

Von Fingern und Zehen zu Zahlen

Mehr als eine Million Jahre zogen unsere Vorfahren herum und lebten als Jäger. Schon für diese Jäger war es nützlich zu zählen. Sie mussten Feuersteinbeile und die Häute getöteter Tiere zählen. Für jedes Beil oder Tier krümmte man einen Finger.

Auf diese Weise entwickelte sich langsam ein Begriff von Ziffern und Zahlen. Der nächste Schritt war es, Kerben in Tierknochen oder Holzstäbe zu ritzen. Man ging von der Anzahl der Finger an beiden Händen aus, und deshalb ist es ganz natürlich, dass man eingeritzte Zeichen in Gruppen von 5 oder 10 Stück sammelte.

In Tschechien hat man einen 30 000 Jahre alten Wolfsknochen mit 55 tiefen Kerben gefunden. Sie sind in zwei Reihen angeordnet, eine mit 25 Kerben und eine mit 30. In jeder Reihe sind die Kerben in Gruppen zu 5 angeordnet.

Nimm einen Würfel. Du kannst mit einem Freund um die Wette würfeln, wer die meisten Sechsen bei 50 Würfen bekommt. Legt eine Tabelle an und benutzt zum Zählen die Wolfsknochen-Mathematik.

	Anzahl der Würfe	Anzahl der Sechsen
	𝍸 𝍸 𝍸 𝍸𝍸 𝍸 ||	|
	𝍸 𝍸 𝍸 𝍸 𝍸 𝍸 |	𝍸 𝍸 𝍸 |||

Jede Sechs kennzeichnet ihr mit einem Strich. Jede fünfte Sechs wird mit einem Strich quer über die ersten 4 Striche gekennzeichnet. Wie viele Sechsen hast du? Wie viele hat dein Freund?

Als die Menschen begannen, Waren zu kaufen und zu verkaufen, wuchs das Bedürfnis, Zahlen zu benutzen. Aber wenn jemand 100 Häute gekauft hatte, wurde es zu anstrengend, so viele Kerben zu ritzen. Deswegen fiel den Menschen etwas Besseres ein: Man schrieb die Zeichen mit Ziffern.

Verschiedene Volksgruppen haben verschiedene Zeichen für die Ziffern benutzt. Aber man kann leicht erkennen, dass die Zeichen auf der Anzahl von Fingern und Zehen aufbauen.
Die Maya-Indianer in Guatemalas Urwäldern benutzten vor ungefähr 2000 Jahren zwanzig verschiedene Ziffernzeichen: Punkte und Striche.
Für eine Hand (= 5) zogen die Maya einen geraden Strich, statt 5 Punkte zu machen. Sie zogen zwei Striche für zwei Hände (5 + 5 = 10) und sie zogen drei Striche für zwei Hände und einen Fuß (5 + 5 + 5 = 15). Die letzte Ziffer (20) entspricht unserer Null und wurde wie ein Sonnenschiff gezeichnet. Die Sonne wurde angebetet wie ein Gott.

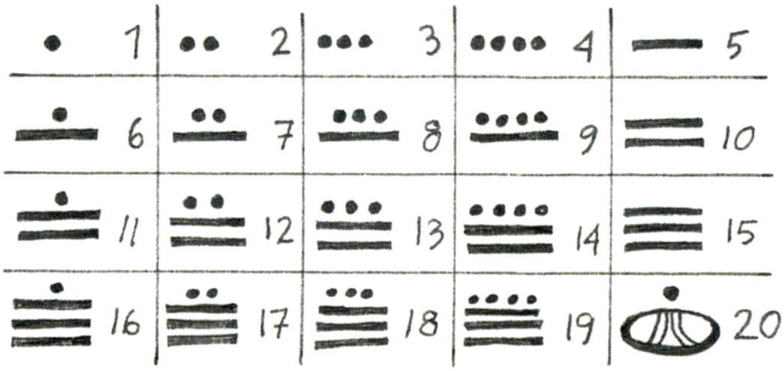

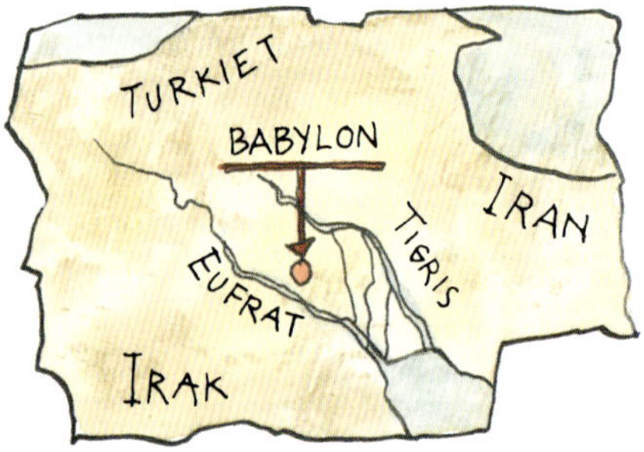

Im Land zwischen den zwei Flüssen Euphrat und Tigris – dem Zweistromland – am Persischen Golf entstanden die ersten Städte. Man sagt, dort steht die Wiege der Kultur. Alles, was für uns heute selbstverständlich ist – Handel und Transport, Wissenschaft und Kunst, Politik, Krieg, Reiche und Arme –, nahm dort seinen Anfang vor gut 5000 Jahren.
Eins der mächtigen Völker im Zweistromland waren die Babylonier. Sie zählten mit allen Fingern bis 9, aber zwei Hände (= 10) wurde mit einem besonderen Zeichen geschrieben. Mit zwei Zeichen schrieben sie bis zur Zahl 60.

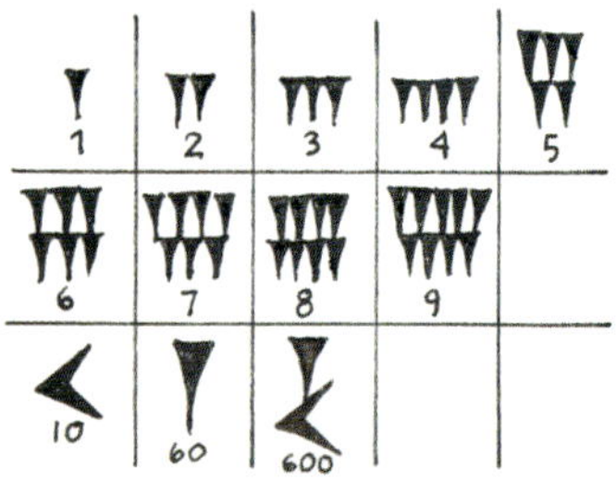

Die Babylonier schrieben mit einer Art Keil, mit dem sie Tontafeln stempelten. Daher wird ihre Schrift Keilschrift genannt. Die Zahl 60 wurde mit demselben Symbol wie die Zahl 1 geschrieben. Auch die Zahl 60 x 60 = 3600 wurde mit demselben Symbol geschrieben, genau wie 60 x 60 x 60 = 216 000 und so weiter. All diese Zahlen wurden mit einem einzigen eingestempelten Symbol geschrieben.

Woher wussten die Babylonier, welchen Wert dieser einzige Keil hatte? Das zeigte der Zusammenhang. Die Keile haben unterschiedliche Werte, je nachdem, wie sie angeordnet sind, also welchen Platz (Position) sie in der Zahl haben. So sah das aus:

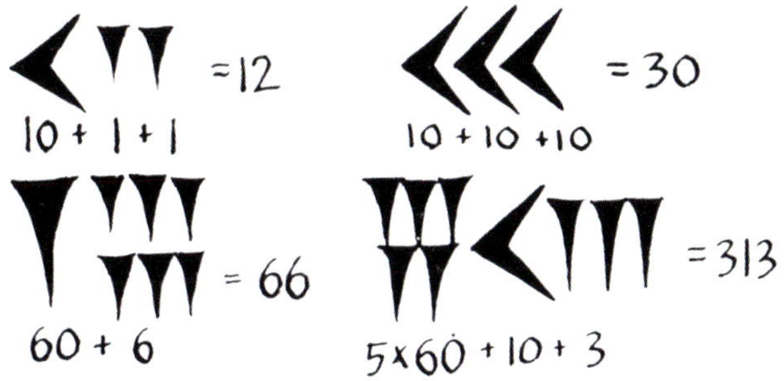

Der linke Keil gibt den Wert 60 an, während der rechte Keil den Wert für 1 darstellt. Vergleiche das mit unserer Art, die Zahl 313 zu schreiben.
Da gibt es die Ziffer 3 zweimal. Die linke Drei gibt den Wert 300 wieder, während die rechte Drei den Wert 3 hat. Auch hier stehen die Ziffern für unterschiedliche Werte, abhängig davon, wie sie angeordnet werden. So ein System nennt man *Positionssystem*.

Schreibe die Zahl 25 mit den Ziffern der Maya. Wie schrieben sie die Zahl 40 und 53? Versuche es mit mehr Zahlen.

Schreibe Zahlen mit Keilschrift. Zum Beispiel 25, 43, 92, 133 und 3652.

Woher kommen unsere Zahlen? Man sagt, wir benutzen arabische Ziffern, aber eigentlich kommen sie aus Indien. Mit der Zeit haben sich die Formen der Ziffern sehr verändert.

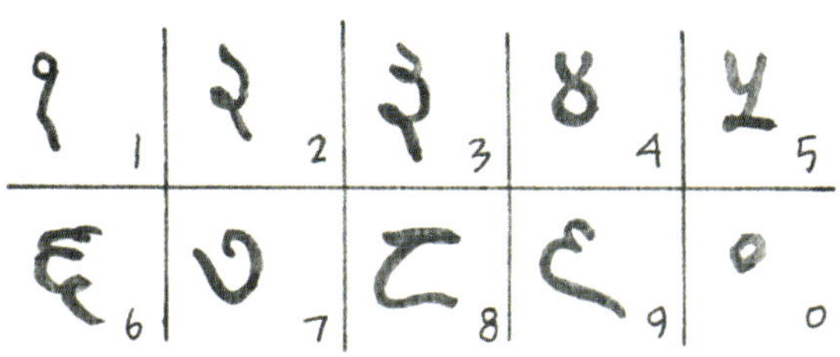

Von der Null zur Ziffer

*Das indische Wort für Null ist **sunja** und das heißt »leer«. Die Araber übersetzten **sunja** in **as-sifr**, daraus wurde im Mittellateinischen **cifra** und deutsch Ziffer.*

Alle unsere Zahlen haben unterschiedliche Zeichen – aber es sind 10 Ziffern (die 10 Fingern entsprechen). Wenn alle Ziffern einfache und deutliche Zeichen haben, verringert sich das Risiko, dass man sie falsch deutet. (Die Babylonier haben ihre Zahlen bestimmt oft falsch gelesen!) Ein besonderes Zeichen für Null erleichtert das Rechnen.

Die arabischen Ziffern wurden in Europa erst im 15. Jahrhundert angewendet. Davor benutzte man die 7 römischen Ziffern, die eigentlich Buchstaben sind:

I = 1, V = 5, X = 10, L = 50, C = 100, D = 500 und M = 1000.

Die anderen Zahlen bildet man, indem man diese »Ziffern« kombiniert. Die Zahl 7 wird VII geschrieben und 308 so: CCCVIII. Es gibt zwei Regeln:

- Eine Ziffer, die links von einer größeren Ziffer steht, muss von dieser abgezogen werden. 4 wird also IV statt IIII und 14 = XIV geschrieben.
- Eine Ziffer, die rechts von einer größeren Ziffer steht, wird dazugezählt. Die Zahl 8 wird also VIII und 65 = LXV geschrieben.

Das ist eine sehr mühselige Art, Zahlen zu schreiben, und es ist schwer, damit zu rechnen. Versuche mal, zwei Zahlen miteinander zu multiplizieren, die in römischen Ziffern geschrieben sind!

Schreibe einige Zahlen in römischen Ziffern, zum Beispiel 24, 89, 136 und 773. Schreibe, wie alt du bist und in welchem Jahr du geboren wurdest.

Gedanken lesen

Dies ist ein Spiel mit einem Trick mit Zahlen: Damit kannst du deinen Freunden und deiner Familie imponieren.
Spiele das Spiel mit einer Freundin. Lass sie anfangen und bitte sie, sich eine Zahl zu denken, die sie dir nicht sagt.

Bitte sie dann, die Zahl mit 5 zu multiplizieren. Und immer noch darf sie nicht sagen, an welche Zahl sie denkt.
Dann muss sie 6 dazuzählen, mit 4 multiplizieren, 4 abziehen und schließlich mit 5 multiplizieren.

Dann fragst du sie, zu welchem Ergebnis sie gekommen ist. Wenn du das weißt, brauchst du nur wenige Sekunden, um ihr zu sagen, mit welcher Zahl sie angefangen hat.

Das geht so:
Nimm mal an, deine Freundin hat sich für die Zahl 13 entschieden.

Sie multipliziert mit 5:	13 x 5 = 65
Sie zählt 6 dazu:	65 + 6 = 71
Sie multipliziert mit 4:	71 x 4 = 284
Sie zieht 4 ab:	284 – 4 = 280
Schließlich multipliziert sie mit 5:	280 x 5 = 1400

Wenn du sie also nach ihrem Ergebnis fragst, antwortet sie 1400. Jetzt streichst du, ohne etwas zu sagen, die beiden Nullen weg (dividierst durch 100) und ziehst 1 ab. Und dann kannst du ihr sagen, dass sie sich die Zahl 13 gedacht hat.

Jetzt weißt du, wie es geht, und kannst es immer wieder machen: Bitte deine »Opfer«, eine Zahl zwischen 1 und 20 zu wählen. Das ist nicht so schwer zu rechnen. Viel Glück beim Gedankenlesen!

Mathematische Erklärung
Man kann den Trick mathematisch erklären. Wenn du eine Zahl, die deine Freundin sich gedacht hat, *n* nennst, dann kommt das dabei heraus, wenn du die Regeln befolgst:

- n (eine geheime Zahl)
- multipliziert mit 5: $5 \times n = 5n$
- 6 dazu: $5n + 6$
- multipliziert mit 4: $4 \times (5n + 6) = 20n + 24$
- weniger 4: $20n + 24 - 4 = 20n + 20$
- multipliziert mit 5: $5 \times (20n + 20) = 100n + 100$

Also ist $100n + 100$ die Zahl, von der deine Freundin spricht. Man kann es auch $100 \times (n + 1)$ schreiben. Und du brauchst nur durch 100 zu teilen:

$$\frac{100 \times (n + 1)}{100} = n + 1$$

Wenn du 1 abziehst, kennst du die Zahl *n*.

Das Sieb des Eratosthenes

Zahlen haben bestimmte Eigenschaften, zum Beispiel:

- Jede zweite Zahl ist gerade: 2, 4, 6, 8, 10, 12, 14 …
- Jede zweite Zahl ist ungerade: 1, 3, 5, 7, 9, 11, 13, 15 …
- Bei Multiplikation mit 2 ist das Ergebnis *immer* eine gerade Zahl.

Mathematiker interessieren sich besonders für die Eigenschaften von Zahlen. Sie studieren Muster und Regelmäßigkeiten. Sie beginnen mit niedrigen Zahlen und untersuchen dann, ob sich die Muster auch bei den ganz großen Zahlen wiederholen.

Manche Zahlen haben besondere Eigenschaften. Ein Beispiel sind die Zahlen 2, 3, 5, 7, 11, 13 … Sie werden Primzahlen genannt. Das sind Zahlen, die sich nicht durch kleinere Zahlen (Faktoren) teilen lassen. Sie können nur durch sich selbst und die Zahl 1 geteilt werden.

Versuch es mit der Zahl 6. Ist das eine Primzahl?

Nein, 6 = 2 x 3. 6 lässt sich also durch kleinere Zahlen teilen.

Aber die Zahl 5 ist eine Primzahl. 5 lässt sich nicht durch kleinere Zahlen teilen, nur durch sich selbst oder die Zahl 1.

Also: 5 = 1 x 5.

Es gibt unendlich viele Primzahlen, das weiß man schon seit mehr als 2000 Jahren. Aber sie sind nicht immer leicht zu finden.

Die Suche nach Primzahlen

Eratosthenes von Kyrene lebte im 3. Jahrhundert vor Christus. Er war Bibliothekar an der berühmten Bibliothek in Alexandria in Ägypten. Er war sehr gelehrt und beschäftigte sich mit Geografie, Mathematik, Philosophie und Sprachen.

Er entdeckte auch eine Methode, wie man Primzahlen findet. Diese Methode nennt man das *Sieb des Eratosthenes.*

Du bist dran

- Schreibe alle Zahlen von 2 bis 100 hintereinander auf, zum Beispiel 2 – 20 in die erste Reihe, 21 – 40 in die zweite und so weiter.
- Kringele die erste Primzahl ein, also 2, und streiche dann jede zweite Zahl aus, also alle Zahlen, die durch 2 teilbar sind.
- Die erste nicht durchgestrichene Zahl ist 3, kringele sie ein und streiche dann alle Zahlen aus, die durch 3 teilbar sind.
- Mach so weiter. Die nächste nicht durchgestrichene Zahl ist 5. Kringele sie ein und streiche alle Zahlen durch, die durch 5 teilbar sind.
- Schließlich ist 7 die erste Zahl, die nicht durchgestrichen wird. Kringele sie ein und streiche dann alle Zahlen durch, die durch 7 teilbar sind.
- Kringele alle nicht durchgestrichenen Zahlen ein. Das sind alle Primzahlen unter 100. Woher weißt du, dass es Primzahlen sind?

Damit kommen wir dem Muster von Primzahlen am nächsten.

Mehrere Zahlen sind Primzahl-Zwillinge, zum Beispiel 11 und 13, 29 und 31, 59 und 61.

Gibt es noch mehr Primzahl-Zwillinge?

Du kannst auf eigene Faust weiter nach Primzahlen über 100 suchen. Schreibe zum Beispiel alle Zahlen von 101 bis 200 auf und streiche alle Zahlen aus, die man durch 2, 3, 5, 7, 11 und 13 teilen kann. Benutze ruhig einen Taschenrechner.

Die größte Primzahl

170 141 183 450 469 231 731 687 303 715 884 105 727 *ist eine Zahl mit 39 Ziffern. Das war die größte Primzahl, die man kannte, bevor es Computer gab. Heute sucht der Computer nach Primzahlen. Die Mathematiker versuchen sich ständig neue, ausgeklügelte Computerprogramme auszudenken, die immer größere und größere Primzahlen finden sollen.*

Die letzte größte Primzahl hat 227 832 Ziffern. Wenn wir die Zahl in diesem Buch ausschreiben wollten, müsste das Buch ungefähr 100 Seiten mehr haben!

Puzzle mit Quadraten

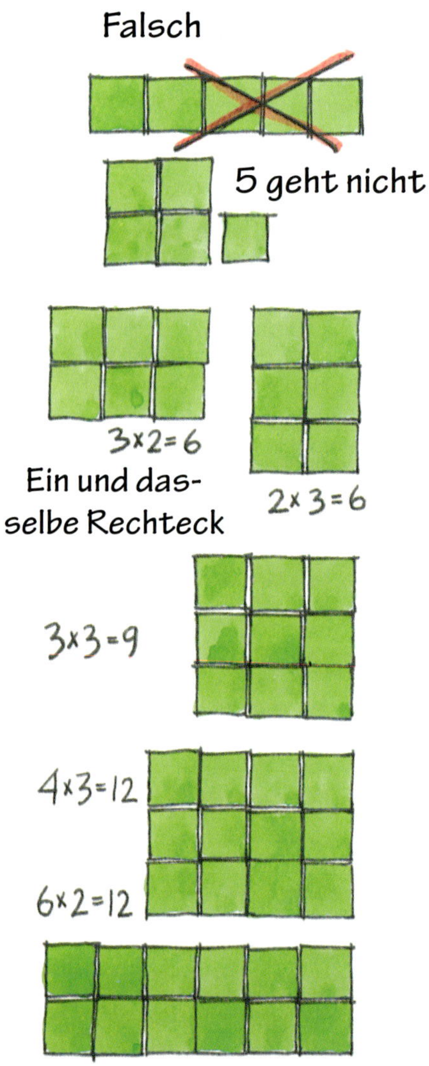

Dies ist ein ungewöhnliches Puzzle, weil alle Teile genau gleich aussehen. Es sind Quadrate, die gleich groß sind. Du sollst die Puzzleteile so legen, dass sie Rechtecke bilden. Aber du darfst sie nicht in einer Reihe nebeneinanderlegen. Die Rechtecke müssen aus 2, 3 oder mehr Reihen bestehen.
Versuche es mit 5 Puzzleteilen. Kann man sie zu einem Rechteck zusammensetzen? Nein, was du auch ausprobierst, es bleibt immer ein Teil übrig. (Und 5 Quadrate in einer Reihe werden ja nicht anerkannt.) Manchmal lässt sich also gar kein Rechteck legen.

Versuche es mit 6 Puzzleteilen. Man kann sie in 2 Reihen legen. 2 x 3 Puzzleteile bilden ein Rechteck.
Hier entsteht aus 2 x 3 und 3 x 2 Puzzleteilen das gleiche Rechteck.

Wie ist es mit 9 Puzzleteilen? Kann man sie zu einem Rechteck zusammensetzen? Ja, man kann sie in 3 Reihen legen. Das Rechteck hat 3 x 3 Puzzleteile. (Eigentlich wird es ein großes Quadrat, aber Quadrate werden anerkannt. Sie sind immerhin Rechtecke.)

Wie ist es mit 12 Puzzleteilen? Das geht fast zu gut, weil man zwei verschiedene Rechtecke legen kann.
Mit wie vielen Teilen kann man nur *ein* einziges Rechteck und nicht mehrere verschiedene legen?

Arbeite mit ein paar Freunden zusammen. Ihr braucht kariertes Papier, Bleistift und Lineal. Oder nimm dicke Pappe und schneide Quadrate aus. Es ist egal, wie groß die Teile sind, aber du brauchst 50 Stück.

- Nimm an, dass ihr höchstens 50 quadratische Puzzleteile habt.
- Legt sie zu Rechtecken, die aus 2, 3 oder mehreren Reihen bestehen.
- Probiert herum. Beginnt mit 1 Puzzleteil, 2, 3, 4 Teilen und so weiter.
- Legt eine Liste über alle Zahlen an (= Anzahl Puzzleteile): Führt die Liste bis zur Zahl 50 fort.

1 = 1 x 1
2 = 1 x 2
3 = 1 x 3
4 = 2 x 2
5 = 1 x 5
6 = 2 x 3
7 = 1 x 7
8 = 2 x 4
9 = 3 x 3
10 = 2 x 5
11 = 1 x 11
12 = 2 x 6 = 3 x 4
13 = 1 x 13

- Manchmal lässt sich kein Rechteck legen. Welche Zahlen sind das? Markiert sie auf der Liste mit einer anderen Farbe. Ist an diesen Zahlen etwas Besonderes?
- Manchmal kann man genau ein Rechteck legen. Welche Zahlen sind das? (2 x 3 zählen als ein und dasselbe Rechteck wie 3 x 2, dasselbe gilt für 2 x 4 und 4 x 2 und so weiter.) Markiert die Zahlen mit einer anderen Farbe. Ist an diesen Zahlen etwas Besonderes?
- Manchmal kann man mehrere Rechtecke legen. Mit welchen Zahlen?
- Wie viele verschiedene Rechtecke kann man aus 2 x 3 x 5 x 7 = 210 Teilen bilden?
- Wie viele verschiedene Rechtecke kann man aus 2 x 2 x 2 x 2 x 2 x 2 x 2 x 2 x 2 x 2 = 2^{10} = 1024 Teilen bilden? Aus 2^{11} = 2048 Teilen?

Goldbachs Vermutung

Im 18. Jahrhundert lebte ein Mathematiker mit Namen Goldbach. Er behauptete, man könne jede gerade Zahl als Summe von zwei Primzahlen schreiben, zum Beispiel
4 = 2 + 2, 12 = 5 + 7, 18 = 7 + 11, 30 = 13 + 17 und 76 = 29 + 47.
Niemand hat je beweisen können, ob das stimmt. Aber das Gegenteil ist auch nicht bewiesen worden. Darum nennt man es eine Vermutung: Goldbachs Vermutung.
Heute können die Mathematiker durch Computer errechnen lassen, dass die Vermutung stimmt. Bis zur Zahl 400 000 000 000 (400 Milliarden) hat man das nachgerechnet.

Schreibe alle geraden Zahlen von 4 bis 100 untereinander wie eine Tabelle. Nach dem Gleichheitszeichen schreibst du dann die beiden Primzahlen, aus denen die gerade Zahl gebildet wird.

4 = 2+2	18 = 5+13
6 = 3+3	20 = 3+17
8 = 3+5	22 = 3+19
10 = 3+7	24 = 5+19
12 = 5+7	⋮
14 = 3+11	
16 = 3+13	100 = 3+97

Du wirst merken, dass es mehrere Arten gibt, eine gerade Zahl aus zwei Primzahlen zu bilden. Die Zahl 14 = 3 + 11, aber auch 14 = 7 + 7.

Und 24 = 5 + 19, aber auch 7 + 17 und 11 + 13.

In der Zahl 14 ist 3 die kleinst- und 11 die größtmögliche Primzahl, aus denen man 14 bilden kann.

Du kannst deine Tabelle auf zwei verschiedene Arten anlegen.

- *Schreibe die Primzahlen auf, die du als Erstes und am leichtesten findest.*
- *Schreibe die kleinste Primzahl und die größte auf, die die geraden Zahlen bilden.*

Es scheint kein Muster für die Primzahlen zu geben. Schau dir zum Beispiel die Zahl 3 an. Manchmal kommt sie als kleinste Primzahl zweimal hintereinander, manchmal drei- und manchmal keinmal. Es gibt keinerlei Ordnung. Jedenfalls haben die Mathematiker bis jetzt keine gefunden.

Kannst du ein Muster erkennen?

Der König der Mathematik

Was ist die Summe der ersten hundert Zahlen? Also was sind

$$1+2+3+4+5+6+7+8+9+10+11+\cdots\cdots+97+98+99+100=?$$

Vor 200 Jahren hat ein deutscher Lehrer seinen Schülern diese Aufgabe gestellt. Es gibt eine Methode, die Summe zu errechnen. Der Lehrer kannte sie, die Schüler aber nicht. Das glaubte er zumindest.

Der Lehrer hatte sich wahrscheinlich auf eine lange Ruhepause gefreut, in der die Schüler dasaßen und rechneten. Aber daraus wurde nichts. Das jüngste Kind, Karl Friedrich Gauß, kam bald nach vorn und übergab dem Lehrer seine Schreibtafel. (Im 18. Jahrhundert schrieben die Kinder mit einem Griffel – einer Art quietschender »Kreide« aus Schiefer – auf Schiefertafeln.) Auf der Tafel stand die richtige Antwort.

Karl Friedrich Gauß, der erst neun Jahre alt war, wusste offenbar, dass man nicht Zahl für Zahl zusammenzählen muss. Das hatte ihm niemand beigebracht. Er selbst war auf die Methode gekommen.

Wie hat er das gemacht?

Was ist die Summe der ersten zehn Zahlen? Beginne damit, die erste und die letzte Zahl zusammenzufügen und die zweite Zahl mit der vorletzten und so weiter.

$1 + 10 = 11$
$2 + 9 = 11$
$3 + 8 = 11$
$4 + 7 = 11$
$5 + 6 = 11$

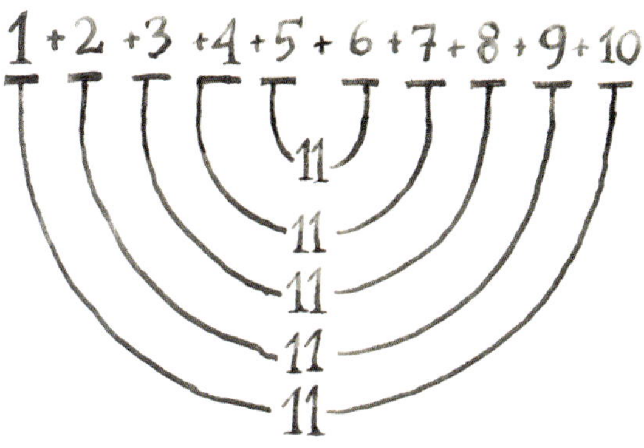

Dann ist die Summe der ersten zehn Zahlen:

$1 + 2 + 3 + 4 + 5 + 6 + 7 + 8 + 9 + 10 = 5 \times 11 = 55$

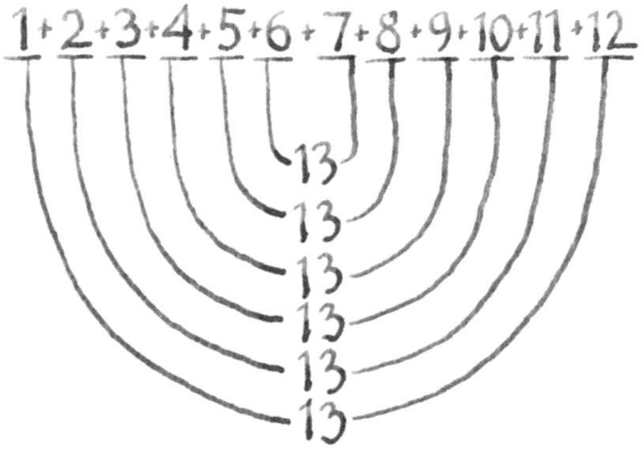

Wir können auch berechnen, wie groß die Summe der ersten zwölf Zahlen ist: Beginne wieder damit, die Zahlen zusammenzufügen: die erste mit der letzten Zahl, die zweite Zahl mit der vorletzten und so weiter.

1 + 12 = 13
2 + 11 = 13
3 + 10 = 13
4 + 9 = 13
5 + 8 = 13
6 + 7 = 13

Dann ergibt die Summe der zwölf ersten Zahlen:

$$1 + 2 + 3 + 4 + 5 + 6 + 7 + 8 + 9 + 10 + 11 + 12 = 6 \text{ x } 13 = 78$$

So kann man immer rechnen. Du kannst zum Beispiel ausrechnen, wie groß die Summe der ersten 16 Zahlen ist. (136.)
So zu rechnen ist ziemlich anstrengend, wenn man viele Zahlen zusammenfügen muss. Leichter geht es mit einer Formel, die Karl Friedrich Gauß entwickelt hat.
Als wir die Summe der ersten zehn Zahlen errechneten, bekamen wir 5 x 11 = 55 heraus. Die Zahl 11 ist die Summe der ersten und der letzten Zahl (1 + 10), und die Zahl 5 ist die Hälfte der Anzahl von Zahlen, also 10 geteilt durch 2. Die Formel heißt:

$$\frac{10}{2} \text{ x } (1 + 10) = \frac{10 \text{ x } (1 + 10)}{2} = \frac{10 \text{ x } 11}{2} = 5 \text{ x } 11 = 55$$

Entsprechend haben wir die Summe der ersten zwölf Zahlen von 6 x 13 = 78 herausbekommen. Die Formel dafür heißt:

$$\frac{10}{2} \text{ x } (1 + 12) = \frac{12 \text{ x } (1 + 12)}{2} = \frac{12 \text{ x } 13}{2} = 6 \text{ x } 13 = 78$$

Die Zahl 13 ist die Summe der ersten und der letzten Zahl (1 + 12), und die Zahl 6 ist die Hälfte der Anzahl von Zahlen, also 12 geteilt durch 2.

Karl Friedrich Gauß
Foto: Königl. Bibliothek

Wie groß ist die Summe der ersten 17 Zahlen? Jetzt können wir die Formel sofort benutzen. Wir haben 17 Zahlen und die Summe der ersten und der letzten Zahl ist (1 + 17):

$$\frac{17}{2} \text{ x } (1 + 17) = \frac{17 \text{ x } (1 + 17)}{2} = \frac{17 \text{ x } 18}{2} = 17 \text{ x } 9 = 153$$

Als Gauß die Summe der ersten hundert Zahlen errechnete:

$$1+2+3+4+5+6+7+8+9+10+11+\dots\dots+97+98+99+100$$

benutzte er die Formel. Er zog die erste und letzte Zahl zusammen (1 + 100). Dann multiplizierte er das mit der Anzahl Zahlen (100), die er durch 2 dividierte. So:

$$\frac{100}{2} \text{ x } (1 + 100) = \frac{100 \text{ x } (1 + 100)}{2} = \frac{100 \text{ x } 101}{2}$$

$$= 50 \text{ x } 101 = 5\,050$$

Auf die Schreibtafel hatte er also die Antwort 5050 geschrieben.
Karl Friedrich Gauß wurde 1777 in Braunschweig geboren. Sein Vater war Maurer, und der wollte, dass Karl Friedrich auch Maurer wurde. Aber der Herzog von Braunschweig erfuhr von dem besten Schüler in Mathematik. Er schickte ihn an die Universität in Göttingen.
Gauß war ein Genie. Er löste massenhaft Probleme der Mathematik und er zählt zu den größten Mathematikern aller Zeiten. Deswegen wird er »König der Mathematik« genannt.

Benutze die Formel und errechne die Summe der ersten
- *20 ganzen Zahlen*
- *50 ganzen Zahlen*
- *209 ganzen Zahlen.*

Spiralen und Kaninchen

In der Natur kannst du eine Menge geometrische Formen finden. Die Spirale ist so eine Form, die es oft gibt – bei Schnecken, Hörnern, Tannenzapfen, der Ananasschale, Sonnenblumen und bei Blumenkohl. Die Kreuzotter rollt sich zu einer Spirale zusammen, wenn sie beißen will.

Draußen im Weltraum gibt es Spiralgalaxien. Das sind Millionen von Sternen, die in riesigen Spiralen angeordnet sind.

Whirlpool-Galaxie (M51). Foto: Lick Observatory, USA

Spiralen zählen

Alle Spiralen in der Umhüllung eines Tannenzapfens, die mit dem Uhrzeigersinn verlaufen, sind auf dem Bild gelb und alle Spiralen gegen den Uhrzeigersinn rot gekennzeichnet. Zähle nach, wie viele Spiralen mit dem Uhrzeigersinn (8) und wie viele gegen den Uhrzeigersinn (13) laufen.

Die Zahlen 8 und 13 sind zwei Zahlen, die in der sogenannten *Fibonacci-Folge* aufeinanderfolgen:

0 1 1 2 3 5 8 13 21 34 55 89 …

Zähle die Spiralen einer Sonnenblume. Kopiere das Bild. Kennzeichne alle Spiralen, die mit dem Uhrzeigersinn verlaufen, mit einer Farbe und alle Spiralen, die gegen den Uhrzeigersinn verlaufen, mit einer anderen. Wie viele Spiralen verlaufen mit dem Uhrzeigersinn? Wie viele gegen den Uhrzeigersinn? Die Ergebnisse sind zwei Zahlen aus der Fibonacci-Folge.

Suche dir Tannenzapfen im Wald und zähle die Spiralen. Versuche dir eine Ananas zu beschaffen und zähle die Spiralen in der Schale, die im Uhrzeigersinn und gegen den Uhrzeigersinn verlaufen.

Die Zahlen, die du errechnest, wirst du in der Fibonacci-Folge wiederfinden.

Gib zu, es ist fantastisch, dass die Natur so regelmäßig angeordnet ist! Obwohl sie auf den ersten Blick manchmal so durcheinander wirken kann.
Es ist also gar nicht so verwunderlich, dass die Menschen früher glaubten, Gott sei Mathematiker.

Fibonacci, der der Fibonacci-Folge den Namen gegeben hat, war ein italienischer Mathematiker. Er lebte im 13. Jahrhundert und war in Nordafrika aufgewachsen. Dort lernte er die arabischen Ziffern kennen. Er fand sie viel einfacher als die römischen.
Er schrieb ein Buch über die Kunst des Rechnens, *Liber abaci*; darin versuchte er die Italiener zu überzeugen, dass das Rechnen mit arabischen Ziffern viel einfacher ist als mit römischen. Aber Geschäftsleute und Bankiers waren erschrocken. Sie waren der Meinung, die Zahlen ließen sich verfälschen. Leicht könnte man noch ein paar Nullen dazuschreiben und mehr Geld bekommen, als einem zustand.
Es dauerte noch ungefähr 200 Jahre, bis die Menschen in Europa arabische Ziffern benutzten – die Grundlage der Zahlen, die wir heute verwenden.

Die Sache mit der Zahlenfolge bekam Fibonacci heraus, als er sich mit Kaninchen beschäftigte.
Kaninchen sind ja dafür bekannt, dass sie viele Junge bekommen. Und Fibonacci wollte wissen, wie viele Kaninchenpaare innerhalb eines Jahres geboren werden. Er ging davon aus, dass es im Januar *ein* Paar Kaninchen gibt: ein Männchen und ein Weibchen. Dieses Paar bekommt im Februar Junge, ein männliches und ein weibliches. Im März bekommt das Paar noch zwei Junge, wieder ein männliches und ein weibliches.
Im April bekommt das Paar weitere zwei Junge, von jedem Geschlecht eins. Und jetzt sind die Jungen, die im Februar geboren wurden, so groß geworden, dass sie auch Junge bekommen, ein männliches und ein weibliches.
Und so rechnete er immer weiter, Monat für Monat.

Aber woher kommen die Zahlen der Fibonacci-Folge?
0 1 1 2 3 5 8 13 21 34 55 89 …

Also, 0 war im Januar. Da wurde kein Junges geboren.

Die Zahl 1 gilt für Februar. Da wird ein Paar geboren. Die nächste Zahl 1 gilt für März, in dem auch nur ein Paar geboren wird.

Die Zahl 2 gilt für April. Da werden 2 Paare geboren. Die Zahl 3 gilt für Mai. Da werden 3 Paare geboren. (Denn inzwischen sind die im März geborenen Jungen herangewachsen und haben eigene Junge bekommen.) Die Zahl 5 gilt für Juni. Da werden 5 Paar Junge geboren, 1 Paar vom ursprünglichen Elternpaar und 1 Paar von jedem Paar, das im Februar, März und April geboren wurde (1 + 4 = 5 Paare).

Dann werden es schnell mehr. Im September werden zum Beispiel 21 Paar Kaninchenjunge geboren, im Oktober 34 Paare und so weiter.

Jede Zahl in der Fibonacci-Folge ist die Summe der zwei letzten Zahlen:
0 + 1 = 1, 1 + 1 = 2, 1 + 2 = 3, 2 + 3 = 5, 3 + 5 = 8, 5 + 8 = 13 …

Die Zahl 89 in der Fibonacci-Folge ist die Summe der zwei Zahlen vorher: 34 + 55 = 89. Welche Zahl kommt nach 89 in der Fibonacci-Folge? Und danach? Es gibt kein Ende, du kannst bis in alle Unendlichkeit rechnen.

Wie du innerhalb von 20 Tagen Millionär wirst

Biete an, dass du in den nächsten Wochen jeden Tag abwaschen willst. (Oder suche dir was anderes aus, Betten machen oder den Abfall wegbringen – so was, weswegen die Erwachsenen immer meckern.) Sage, dass du am ersten Tag einen Euro haben möchtest und jeden darauffolgenden Tag doppelt so viel wie am vorherigen.

Hilfe! Das ist eine furchtbare Vereinbarung. Wenigstens für deine Eltern.
Wie viel wirst du am 14. Tag bekommen? Wie viel hast du seitdem insgesamt verdient?
Wie viel bekommst du am 21. Tag? Und wie viel hast du insgesamt verdient?

1	1	1
2	2×1 = 2	1+2 = 3
3	2×2 = 4	3+4 = 7
4	2×4 = 8	7+8 = 15
5	2×8 = 16	15+16 = 31
6	2×16 = 32	31+32 = 63

Lege eine Tabelle an. In die erste Spalte schreibst du den Tag, in die zweite, wie viel du an dem Tag bezahlt bekommst. In die dritte schreibst du die Summe, die du bis jetzt verdient hast.

Führe die Tabelle weiter fort. Allmählich kriegst du heraus, wie viel du am 14. und am 21. Tag verdient hättest.

Das ist ein Beispiel von exponentiellem Zuwachs. Das bedeutet, dass sich etwas rasch vermehrt. In diesem Fall das Geld, das du verdienen kannst. Aber mit so einer Vereinbarung wirst du vermutlich nicht sehr viele Tage abwaschen dürfen.
(Die Fibonacci-Folge ist ein anderes Beispiel von exponentiellem Zuwachs.)

Luo Shu und andere magische Quadrate

Dies ist ein magisches Quadrat. Errechne die Summe der Zahlen jeder Zeile, Spalte und beider Diagonalen.
Was ist das Besondere an dem Quadrat?
Ein magisches Quadrat ist in eine Anzahl Kästchen aufgeteilt, auf dem Bild sind es 4 x 4 = 16 Kästchen. Jedes Kästchen enthält eine ganze Zahl. Die Zahlen sind so angeordnet, dass die Summe jeder Zeile, Spalte und Diagonale gleich ist. Das hast du bei deiner Berechnung sicher gemerkt.

Wenn das Quadrat aus vier Zeilen und vier Spalten besteht, nennt man es magisches Quadrat vierter Ordnung. Dann enthält jedes Kästchen eine der Zahlen 1, 2, 3, 4 und so weiter bis 16.
Magische Quadrate können auch aus 3 x 3 = 9 Kästchen, 5 x 5 = 25 Kästchen, 6 x 6 = 36 Kästchen und so weiter bestehen.

Konstruiere dir selbst magische Quadrate.

- *Nimm ein Stück Papier und schneide 9 gleich große Quadrate aus.*
- *Versuche die Quadrate so zu legen, dass ein magisches Quadrat mit drei Zeilen und drei Spalten entsteht. Die Summe der Zahlen muss in allen Zeilen, Spalten und Diagonalen gleich sein. Zeichne dein magisches Quadrat ab und schreibe die Summen auf. Warum kommt gerade diese Summe heraus?*
- *Versuche, ein weiteres magisches Quadrat aus deinen kleinen Quadraten zu machen.*

Du kannst auch eigene magische Quadrate der vierten Ordnung machen.

- *Schneide 16 gleich große Quadrate aus.*
- *Nummeriere die Quadrate von 1 bis 16*
- *Lege die Quadrate so, dass ein magisches Quadrat mit vier Zeilen und vier Spalten entsteht. Es muss nicht so aussehen wie dieses Beispiel, aber die Summe der Zahlen in allen Zeilen, Spalten und Diagonalen ist immer noch 34. Warum kommt genau 34 heraus?*

Viele Überlegungen der Mathematik entstanden durch Spiel, Fantasie und Magie, wie eben die magischen Quadrate. Ein Märchen erzählt, dass Kaiser Yu der Große auf dem Rücken einer Schildkröte ein magisches Quadrat gesehen hat.
Man kann das Muster auf dem Rücken einer Schildkröte leicht deuten:

4	9	2
3	5	7
8	1	6

Die Schildkröte stieg aus dem Fluss Luo. Darum hat dieses Quadrat den Namen *Luo Shu* bekommen. Das alles geschah vor mehr als 3000 Jahren in China.
Man glaubte, das Quadrat bringe Glück. Deswegen wurden die alten chinesischen Städte quadratisch angelegt. Immer noch tragen die Menschen magische Quadrate aus Silber als Schutz gegen Krankheiten.

Auf wie viele Arten?

Mathematiker essen Eis wie andere Leute. Wer auf diesem Bild ist Mathematiker? Genau, das Mädchen, das die Schlange aufhält. Sie denkt nämlich nach.
Sie versucht zu errechnen, auf wie viele Arten man 2 Kugeln kombinieren kann.
Wenn der Mathematiker fragt: Auf wie viele Arten kann man etwas kombinieren?, dann nennt man das Kombinatorik.
Sagen wir, im Kiosk kann man nur zwischen 3 Sorten wählen, zum Beispiel Nuss, Erdbeer und Schokolade. Auf wie viele Arten kannst du 2 Kugeln unterschiedlicher Sorten mischen? Am einfachsten ist es, alle Möglichkeiten aufzuzeichnen.

Es gibt 6 Möglichkeiten, die Kugeln zu kombinieren. Die erste Kugel kannst du auf 3 verschiedene Arten mit den anderen Sorten kombinieren, da es 3 Eissorten gibt. Die zweite Kugel kannst du auf 2 verschiedene Arten kombinieren, da noch 2 Eissorten übrig sind, unter denen du wählen kannst. Also 3 x 2 = 6 Möglichkeiten.
Aber wie sind die Kugeln untereinander angeordnet? Ist es gleich, ob du unten Nuss und oben Erdbeer oder unten Erdbeer und oben Nuss wählst?
Wenn du meinst, es sei das Gleiche, musst du durch 2 dividieren, da du das gleiche Eis 2-mal bekommen hast. Dann gibt es nur 3 Kombinationen: $\frac{3 \times 2}{2} = \frac{6}{2} = 3$.

Sagen wir, es gibt 6 Eissorten im Kiosk: Cola, Birne, Vanille, Apfelsine, Rum-Rosinen und Lakritz. Und du willst immer noch eine Waffel mit 2 Kugeln verschiedener Sorten haben.

- *Wie viele Möglichkeiten zu kombinieren gibt es? Nimm an, eine Kugel Cola unten und Birne oben ist dasselbe wie ein Eis mit Birne unten und Cola oben. Versuche es zu zeichnen.*
- *Mach dasselbe mit 15 Eissorten.*
- *Nimm an, dass du auch zwei Waffeln mit 2 Kugeln derselben Sorte, zum Beispiel Schokolade und Schokolade, nehmen kannst. Wie viele Kombinationen gibt es dann alles in allem, wenn du zwischen 3 Sorten wählen kannst? Wenn es 6 Sorten gibt? Wenn es 15 Sorten gibt?*

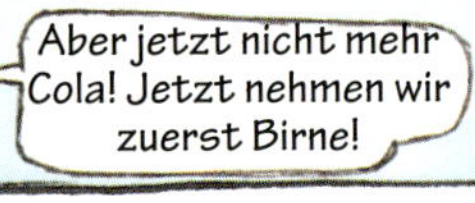

Explosionsartige Erhöhung

Wie viele Möglichkeiten gibt es, 3 Gegenstände auf unterschiedliche Art nebeneinanderzulegen? Antwort: 3. Jedes Mal gibt es 2 verschiedene Stellen, wo B liegen kann. Und wenn B an Ort und Stelle liegt, ist nur noch eine Stelle für C übrig. Also 3 x 2 x 1 = 6 verschiedene Möglichkeiten.

Zeichne 4 verschiedene Figuren und schneide sie aus. Schreibe auf jede Figur einen Buchstaben. Auf wie viele Arten lassen sich die Figuren aufreihen? Lege sie in verschiedenen Kombinationen hin und mache dir eine Tabelle über die verschiedenen Möglichkeiten.

Wie viele Möglichkeiten gibt es, 5, 6 und bis zu 10 Gegenstände auf unterschiedliche Weise hinzustellen? Du darfst gern einen Taschenrechner benutzen.

Du wirst merken, dass sich die Möglichkeiten, Gegenstände auf unterschiedliche Weise anzuordnen, explosionsartig erhöhen. 3 und 4 Gegenstände sind leicht überschaubar. Aber schon bei 5 Gegenständen, die man auf 120 verschiedene Arten anordnen kann, ist es mühsam, alle Kombinationen zu finden.

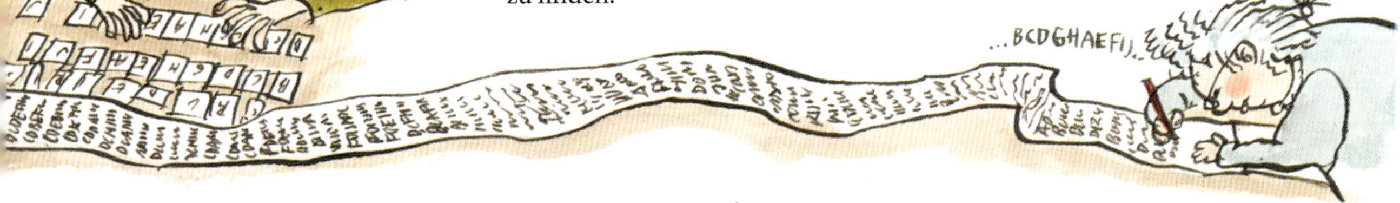

Eulers Formel

Leonhard Euler, so hieß ein Mathematiker, der im 18. Jahrhundert lebte. Er wuchs in Basel in der Schweiz auf und schon mit 13 begann er an der Universität Mathematik zu studieren. Euler studierte nicht nur Mathematik, sondern auch Astronomie, Biologie und Technik. So machte man das zu der Zeit – man studierte fast alle Fächer, die es an der Universität gab. Euler schrieb unter anderem einen Aufsatz darüber, wo man auf großen Schiffen am besten die Masten aufstellt. Obwohl er nicht am Meer lebte und kaum ein Schiff gesehen hatte!

Eulers Papa war Pastor und wollte, dass sein Sohn auch Pastor wird. Aber der Papa musste nachgeben.

Am besten war Euler in Mathematik. Unter anderem zeichnete er Punkte, die er mit Linien verband. Und dann dachte er darüber nach, ob zwischen der Anzahl der Seiten und Winkel bei den verschiedenen Figuren ein Zusammenhang besteht.
Die Linien nannte Euler *Kanten*. Die Punkte, an denen sich die Linien trafen, nannte er *Ecken*.
Mach es wie er: Setze fünf Punkte und verbinde sie mit Linien. Dann entstehen 5 Ecken und 5 Kanten. Und da es innerhalb der Figur 1 Fläche innerhalb und 1 außerhalb (das Papier selber) gibt, werden 2 Flächen gebildet.

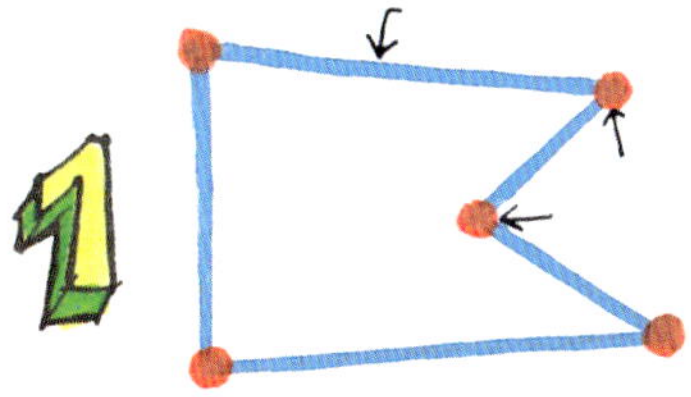

Jetzt setze zwei Punkte außerhalb der anderen und verbinde sie mit der Figur. Nun haben wir 7 Ecken und 8 Kanten und 3 Flächen. Dann machen wir noch einen Punkt und verbinden ihn mit der Figur. Dann haben wir 8 Ecken und 10 Kanten und 4 Flächen.
Ist etwas Besonderes daran?

Wir können versuchen, zum Beispiel die Anzahl Ecken – Anzahl Kanten + Anzahl Flächen auszurechnen, und sehen, was für ein Resultat bei diesen 3 Figuren herauskommt.

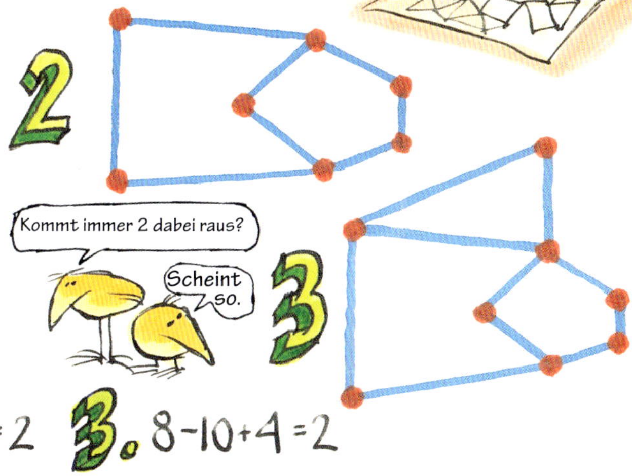

1. $5-5+2=2$ 2. $7-8+3=2$ 3. $8-10+4=2$

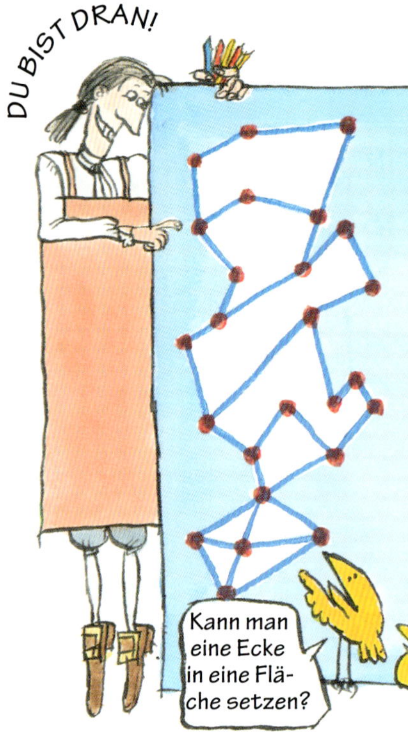

Mache selber weiter und fange mit einer neuen Figur an. Du brauchst Papier, Bleistift und ein Lineal. Setze zum Beispiel 6 Punkte und verbinde sie mit Linien. Dann hast du

6 Ecken – 6 Kanten + 2 Flächen = 2.

Setze 3 neue Punkte und verbinde sie mit deiner Figur. Benutze verschiedene Farbstifte, dann kannst du leichter sehen, wie die Figur sich entwickelt. Jetzt hast du

9 Ecken – 10 Kanten + 3 Flächen = 2.

Nimm einen anderen Farbstift und setze 2 weitere Punkte. Verbinde sie mit der Figur. Jetzt hast du

11 Ecken – 13 Kanten + 4 Flächen = 2.

So kannst du so lange weitermachen, wie du willst. Bis in alle Unendlichkeit. Du kannst nur 1 Punkt hinzufügen oder mehrere Punkte, vielleicht 4 oder 5.

Du kannst mit einer neuen Figur anfangen und über die Anzahl der Punkte selbst entscheiden. Wenn du dann nachrechnest, kommst du jedes Mal zum selben Ergebnis:

Anzahl Ecken – Anzahl Kanten + Anzahl Flächen = 2.

Leonhard Euler hat also den Zusammenhang zwischen Ecken, Kanten und Flächen herausgefunden. Er hat bewiesen, dass das Resultat gleich 2 ist. Da er aber Mathematiker war, konnte er ja nicht dauernd »Anzahl Ecken«, »Anzahl Kanten« und »Anzahl Flächen« schreiben. Stattdessen hat er sich Symbole ausgedacht:

Anzahl Ecken = V
Anzahl Kanten = E
Anzahl Flächen = F
Dann kann man V – E + F = 2 schreiben.
Und das ist *Eulers Formel.*

Heute, mehr als 200 Jahre später, ist das eine wichtige Formel. Sie wird unter anderem in der Topologie angewandt. Das ist ein Teil der Mathematik, den Physiker benutzen, wenn sie das Universum studieren. Ist das Universum endlich oder unendlich? Das ist eine topologische Frage.

Ein topologisches Spiel

Kannst du diese Figur nachzeichnen ohne den Bleistift abzusetzen? Und ohne eine der Linien zweimal zu ziehen?

Wie ist es mit dieser Figur?
Wenn du das herausgefunden hast, kannst du eigene Figuren erfinden.

- *Zeichne zusammen mit einer Freundin. Wer von euch beiden erfindet die meisten Figuren? Man muss sie zeichnen können, ohne den Bleistift abzusetzen oder eine der Linien zweimal zu ziehen.*
- *Hier sind einige Vorschläge für Figuren. Einige von ihnen kann man nicht zeichnen, ohne abzusetzen. Welche sind das?*

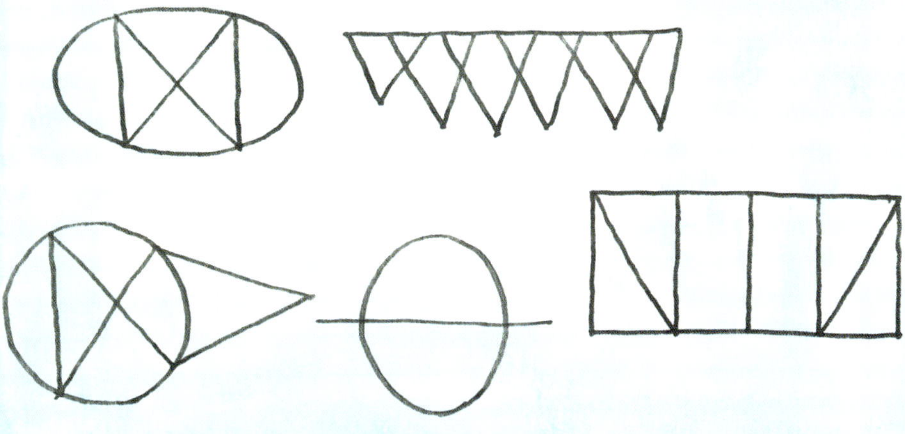

Das ist ein topologisches Spiel. Es geht um Kanten und Ecken, also wie man Punkte mit Linien auf ähnliche Weise wie in *Eulers Formel* verbindet.

Topologen wissen, wann man eine Figur zeichnen kann, ohne den Stift abzusetzen oder eine Linie zweimal zu ziehen – ohne es ausprobieren zu müssen. Sie sehen sich alle Ecken (Punkte) an, und dann berechnen sie, wie viele Ecken eine ungerade Anzahl Kanten haben. In der Abbildung hat die ungerade Ecke 3 Kanten. (Eine gerade Ecke hat eine gerade Zahl von Kanten. In der Abbildung sind es 4 Kanten.)

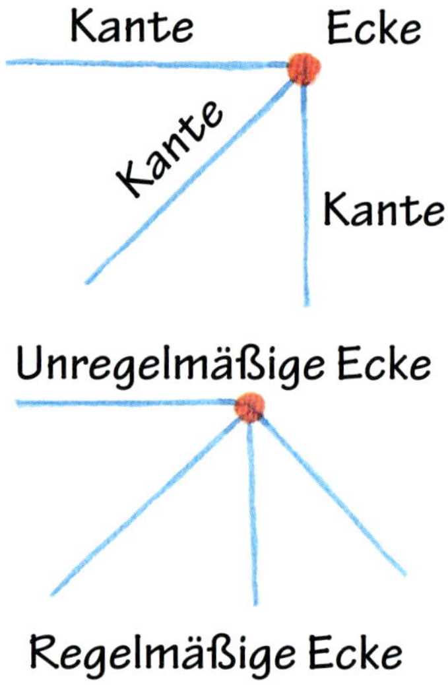

Schau dir die Tabelle an! Dort irgendwo versteckt sich die geheime Methode der Topologen. Wie denken sie? Wenn du nicht sicher bist, probiere es an einigen erfundenen Figuren aus. Fülle die Tabelle weiter aus.

	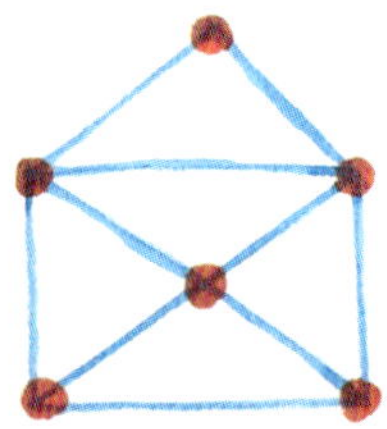	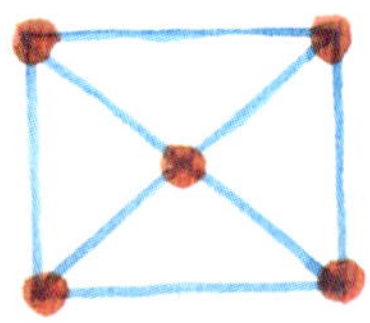	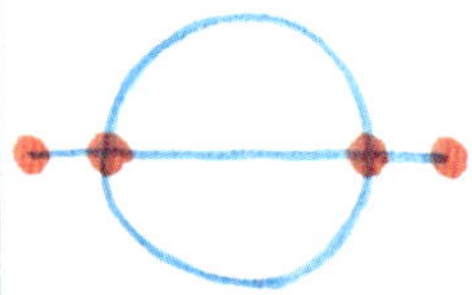	
Unregelmäßige Ecke	2	4	2	0
Mit einer Linie zu ziehen?	Ja	Nein	Ja	Ja

Dasselbe kannst du mit den Buchstaben im Alphabet machen. Probiere es aus!

Das Möbius'sche Band

Das brauchst du: *einen großen Bogen weißes Papier, Lineal, Bleistift, Kreide, Schere und Klebstoff.*

- *Schneide zwei lange Streifen von dem weißen Papier ab. Zum Beispiel 6 Zentimeter breit und 50 Zentimeter lang.*
- *Nimm den einen Streifen und klebe die Enden zusammen, sodass ein Ring entsteht.*
- *Male die Innen- und Außenseite des Ringes mit zwei verschiedenen Farben an.*
- *Schneide den Ring dann längs der Mitte durch.*
- *Was hast du jetzt? Genau, zwei Ringe, die halb so breit sind wie der erste. Sie haben verschiedenfarbige Innen- und Außenseiten.*
- *Nimm den anderen Streifen und dreh ihn einmal halb, ehe du die beiden Enden zusammenklebst.*
- *Male Innen- und Außenseite mit zwei verschiedenen Farben an. Was ist das Ergebnis?*
- *Schneide den Ring dann längs der Mittellinie durch. Was passiert dann?*
- *Schneide den Ring noch einmal der Mitte nach durch. Was passiert dann? Und wenn du ihn noch einmal durchschneidest?*

Der Streifen, den du einmal halb gedreht und zusammengeklebt hast, wird das Möbius'sche Band genannt. Seinen Namen hat es nach einem deutschen Mathematiker, August Ferdinand Möbius, der im 19. Jahrhundert gelebt hat.
Das Besondere am Möbius'schen Band ist, dass es nur *eine* Fläche und *einen* Rand hat. Als du den Streifen angemalt hast, ist dir sicher aufgefallen, dass das ganze Band dieselbe Farbe bekam, eben weil es nur *eine* Fläche hat.

Wenn du prüfen willst, ob es wirklich nur einen Rand gibt, kannst du es wie die Ameise machen. Fahre mit dem Finger am Rand entlang. Du brauchst den Finger keinmal abzuheben.

Schneide mehrere Streifen aus dem Papier, ungefähr wie vorher. Kennzeichne die Mitte der Streifen mit einer gestrichelten Linie.

- *Drehe einen Streifen einmal ganz herum und klebe ihn an den Enden zusammen.*
- *Mal die Außen- und Innenseite mit zwei verschiedenen Farben an. Hat das Band ein oder zwei Seiten? Einen Rand oder zwei Ränder?*
- *Schneide das Band entlang der Mittellinie durch. Was ist das Ergebnis?*
- *Drehe einen weiteren Streifen eineinhalbmal herum und klebe die Enden zusammen.*
- *Male die Außen- und Innenseite mit zwei verschiedenen Farben an. Hat das Band eine Seite oder zwei? Einen Rand oder zwei?*
- *Entlang der Mittellinie durchschneiden. Was ist das Ergebnis?*
- *Mach so weiter. Viermal eine halbe Drehung, fünfmal und so weiter. Klebe die Streifen zusammen. Wann entsteht ein Band mit zwei Seiten und zwei Rändern? Wann entsteht ein Band mit nur **einer** Seite und **einem** Rand?*

Das Vierfarbenproblem

Es gibt ein berühmtes, hundert Jahre altes Problem in der Mathematik, genannt das Vierfarbenproblem. Das heißt:
Es sind höchstens 4 Farben nötig, um eine Landkarte farblich so zu gestalten, dass Länder, die aneinandergrenzen, verschiedene Farben bekommen.
Ist das wirklich wahr?
Ja, du brauchst nur 4 Farben, wenn du die Figur auf der nächsten Seite anmalen willst. (Sie ist genauso wirr zerstückelt, wie die Welt in viele Länder zerstückelt ist.)
Leute, die Karten zeichnen, wissen das schon lange. Aber Mathematiker wollen eine Behauptung erst beweisen, bevor sie akzeptieren, dass sie stimmt. Ihnen genügt es nicht, dass sie es einfach ausprobieren.
Vor ungefähr 20 Jahren ist es zwei amerikanischen Mathematikern endlich gelungen, das zu beweisen. Ihr Beweis ist berühmt, denn es war das erste Mal, dass Mathematiker einen Computer zu einer Beweisführung benutzt haben.

Kopiere diese Figur. Dann malst du die Kopie so an, dass jedes Feld eine andere Farbe bekommt. Du darfst höchstens 4 Farben benutzen, und zwei Felder, die aneinandergrenzen, dürfen nicht dieselbe Farbe haben. Fang mit einer Farbe beim Fünfeck in der Mitte an und arbeite dich zu den Rändern vor.

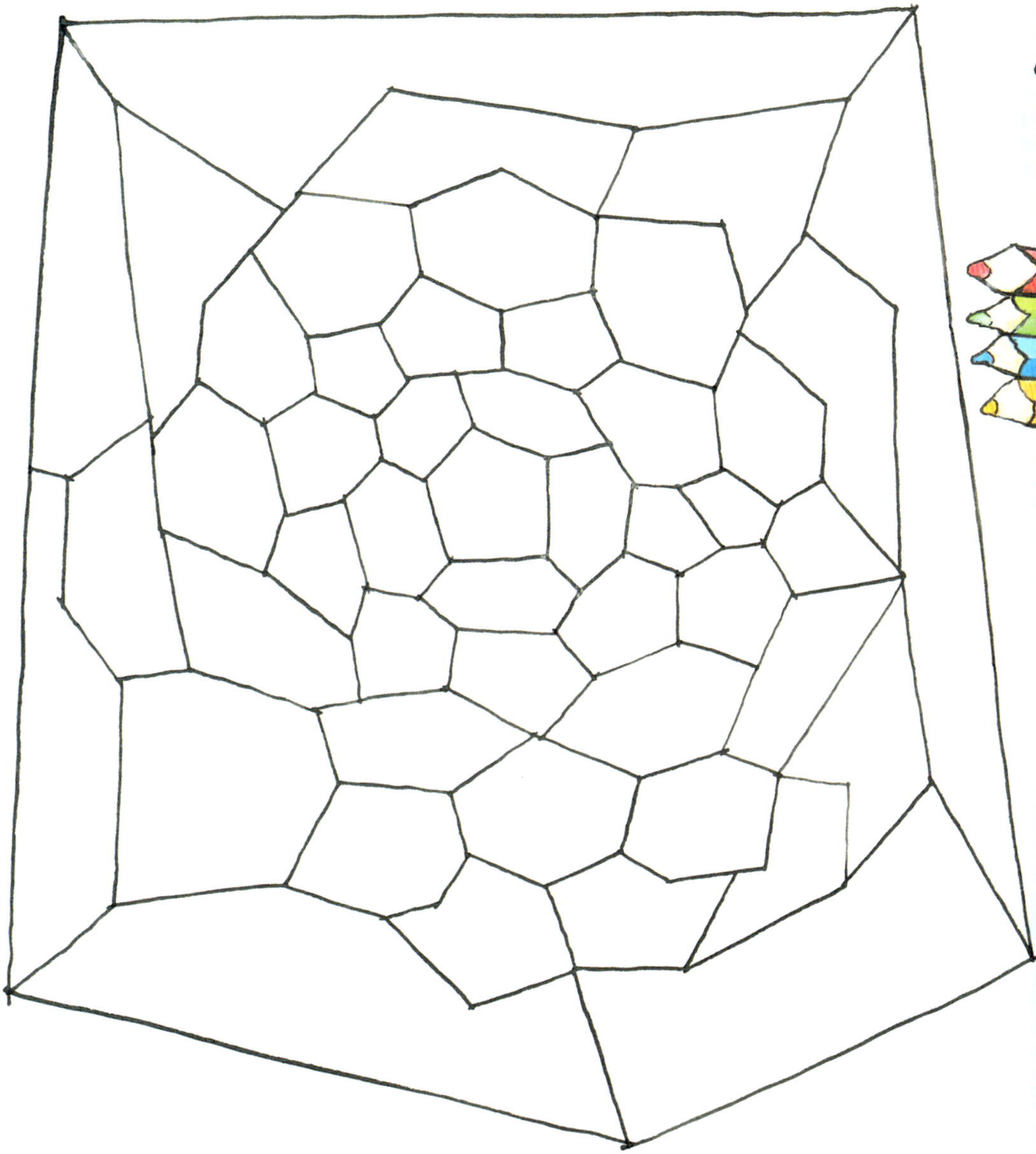

Kopiere Afrika aus einem Atlas und male die Länder farbig an. Die Länder, die aneinandergrenzen, müssen unterschiedliche Farben haben.
Brauchst du überhaupt 4 Farben?

Harmonische Körper

Schau dir mal ganz normales Salz sehr genau aus der Nähe an. Nimm ein Vergrößerungsglas. Dann wirst du erkennen, dass Salzkörner kleine viereckige Kästen, Würfel, sind. Jeder einzelne Würfel ist ein Kristall.

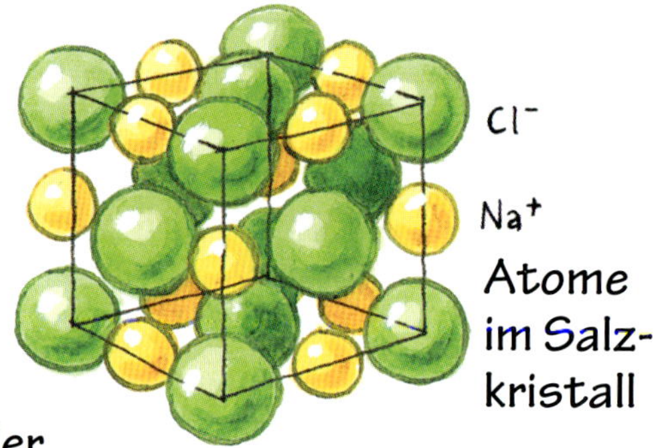

Der Würfel ist ein regelmäßiges *Polyeder*. Bei einem regelmäßigen Polyeder haben alle Flächen dieselbe Form, alle Ränder sind gleich lang und alle Winkel gleich groß. Es gibt fünf regelmäßige Polyeder. Sie werden *platonische Körper* genannt. Drei dieser Körper kann man nur aus gleichseitigen Dreiecken zusammensetzen:

- das Tetraeder (Pyramide) aus 4 Dreiecken,
- das Oktaeder aus 8 Dreiecken,
- das Ikosaeder aus 20 Dreiecken.

Der vierte platonische Körper, der Würfel, besteht aus 6 Quadraten.
Der fünfte heißt Dodekaeder und dieser besteht aus 12 Fünfecken.

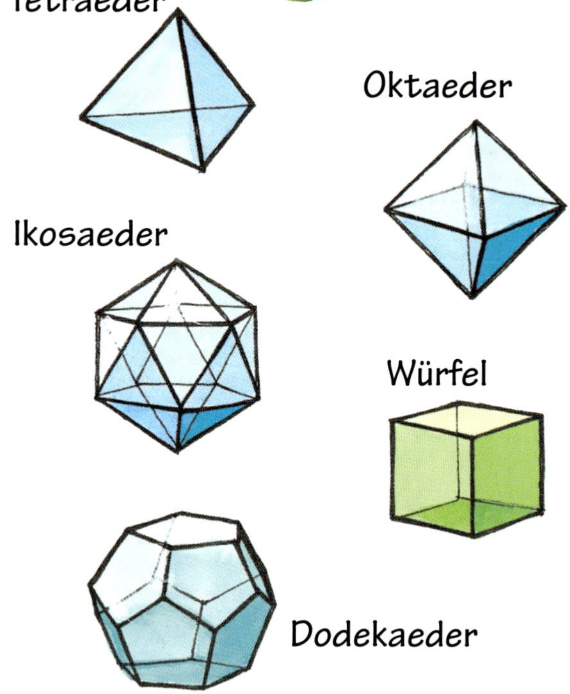

Der Philosoph Platon lebte vor mehr als 2000 Jahren in Athen in Griechenland.
In seinem Buch *Timaios* beschreibt er die Erschaffung der Welt, wie er sich das vorstellte. Er erzählt, wie der »Weltgeist« Erde und Himmel errichtet, sodass eine ungeheure Menge verschiedener Formen entstehen: Sterne und Planeten, Wasser, Feuer und Luft, Pflanzen, Tiere und Menschen.
Wir Menschen finden die Welt verwirrend – ein einziges Durcheinander, schreibt Platon. Aber in Wirklichkeit ist sie so perfekt und harmonisch geordnet wie nur möglich. Er war der Überzeugung, dass alles zwischen Himmel und Erde aus den vier Elementen zusammengesetzt ist: Feuer, Luft, Wasser und Erde. Und da die gleichmäßigen Körper so perfekt geformt sind, müssten die vier Elemente genauso aufgebaut sein wie diese Formen.

Das war also Platons Idee: Die Welt ist bis in ihr innerstes Wesen Mathematik.
Viele Hundert Jahre glaubten die Menschen, dass Platons Vorstellung stimmte. Auf Bildern aus dem Mittelalter wird Gott als Mathematiker dargestellt. Er erschafft die Welt mit einem Zirkel in der Hand.

Gott misst die Welt mit seinem Zirkel aus. Aus einer französischen Handschrift aus dem 13. Jahrhundert.

Mithilfe der Vorlagen auf den Innenseiten des Bucheinbandes kannst du gleichmäßige Polyeder machen. Kopiere und vergrößere die Muster. Wenn du die Körper mit Mustern bemalen willst, solltest du das tun, bevor du sie faltest und zusammenklebst.

Platonische Körper kann man auch aus Strohhalmen und Pfeifenreinigern bauen. Teile die Strohhalme zunächst in der Mitte. Stecke die Pfeifenreiniger in die Strohhalme und verbinde sie miteinander, indem du die Teile, die herausragen, zusammendrehst.

Fange mit einem Tetraeder an und fahre mit einem Würfel fort und so weiter.

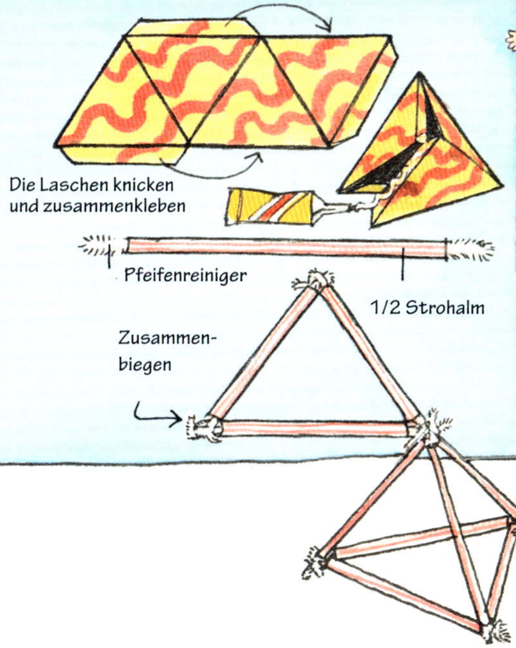

Ecken, Kanten und Flächen errechnen

Erinnerst du dich an Eulers Formel, bei der es um den Zusammenhang zwischen der Anzahl von Ecken, der Anzahl von Kanten und der Anzahl von Flächen bei einer Figur geht? Wir können auch bei einem Polyeder Ecken, Kanten und Flächen errechnen. »Flächen« entsprechen den Seiten eines Polyeders.

Nehmen wir den Würfel und machen wir es wie Euler. Wir sehen das Resultat, wenn wir die Anzahl Ecken – Anzahl Kanten + Anzahl Seiten (Flächen) oder V – E + F rechnen.
Der Würfel hat 8 Ecken (V = 8), 12 Kanten (E = 12) und 6 Seiten (F = 6). Also 8 – 12 + 6 = 2.
Ist die Antwort bei allen Polyedern gleich 2? Versuche die Ecken, Kanten und Seiten anderer platonischer Körper zu errechnen, die du hergestellt hast.

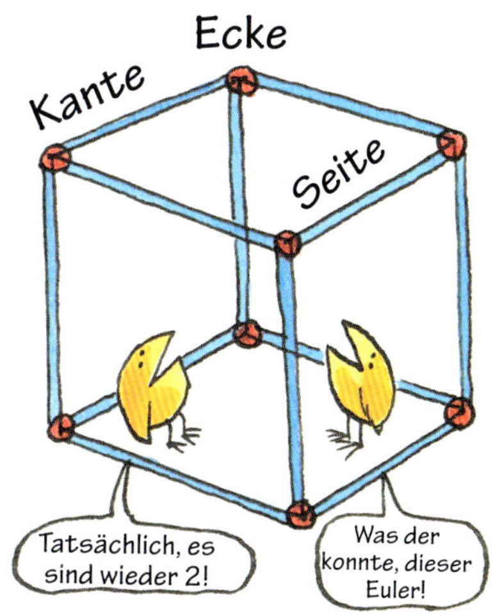

Lösungen und Antworten

Seite 12: Dreiecke aus Streichhölzern

Für jedes weitere Dreieck legst du 2 Streichhölzer dazu. Zu 1 Streichholz, dem allerersten, kommen also die Anzahl der Dreiecke mal 2 Streichhölzer.

Seite 18 und 19: Satz des Pythagoras

A (Das Quadrat der kleinsten Kathete) 5 x 5 = 25
B (Das Quadrat der größten Kathete) 12 x 12 = 144
C (Das Quadrat der Hypotenuse) 13 x 13 = 169

A + B = C
25 + 144 = 169

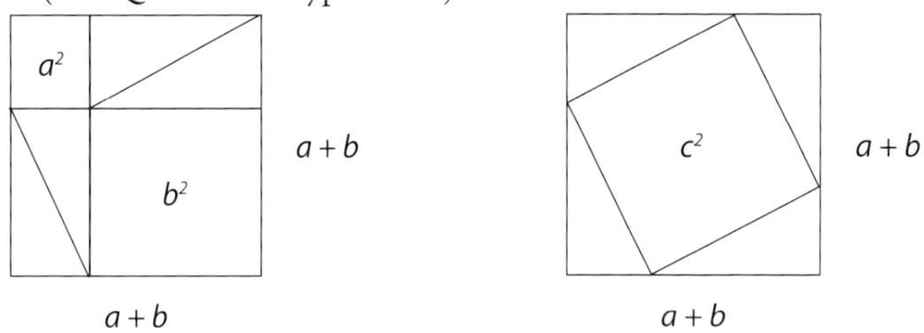

Die vier Dreiecke auf beiden Bildern sind gleich, also $a^2 + b^2 = c^{2.}$

Seite 20: Zuerst bis 20 und Hekaton

Lass uns die zehn letzten Zahlen bis zu 20 anschauen: ..., 11, 12, 13, 14, 15, 16, 17, 18, 19, 20.
Wenn du das vorletzte Mal 17 sagen kannst, dann kannst du sicher sein, dass du gewinnst!
Wenn dein Freund 1 hinzufügt, also 18 sagt, fügst du 2 hinzu und sagst 20. Wenn dein Freund 2 hinzufügt, also 19 sagt, fügst du 1 hinzu und sagst 20. Schon während ihr euch den Zahlen 11 und 14 nähert, solltest du aufpassen.
Bei Hekaton sind die Schlüsselzahlen 1, 12, 23, 34, 45, 56, 67, 78, 89. Derjenige von euch, der eine dieser Zahlen nennt, hat alle Chancen, zuerst bei 100 anzukommen!

Seite 26: Fraktale

	Anzahl Seiten
Schritt 1	3 x 4 = 12
Schritt 2	3 x 4 x 4 = 3 x 42 = 48
Schritt 3	3 x 4 x 4 x 4 = 3 x 43 = 192
Schritt 4	3 x 4 x 4 x 4 x 4 = 3 x 44 = 768
Schritt 5	3 x 4 x 4 x 4 x 4 x 4 = 3 x 45 = 3072

und so weiter
Die kleine hochgestellte Zahl sagt aus, wieviel mal die Zahl 4 mit sich selbst multipliziert werden soll. Bei Schritt 10 soll die Zahl 4 also 10-mal mit sich selbst multipliziert werden und dann schreibst du am einfachsten 4^{10}.
Also sind $3 \times 4^{10} = 3\,145\,728$ Seiten.
Nach Schritt *n* hat die Kurve 3×4^n Seiten.
Das ursprüngliche Dreieck hat 3 x 9 = 27 Zentimeter.
Nach Schritt 1 beträgt die Länge der Figur $3 \times 4 \times \frac{9}{3} = 3 \times 4 \times 3 = 36$ Zentimeter.

Seite 29: Ziffern der Maya. Keilschrift

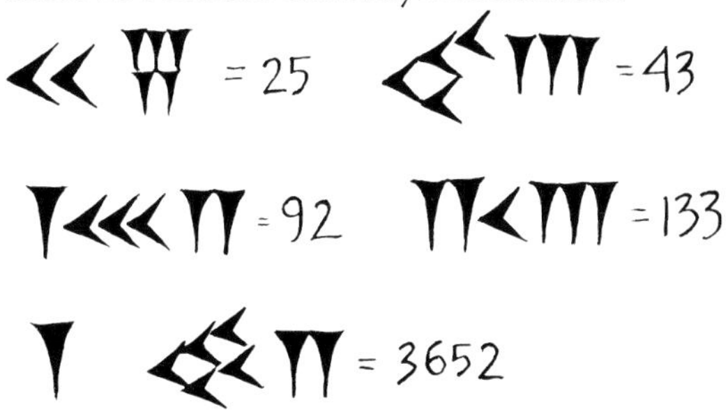

Seite 30: Römische Ziffern

24 = XXIV, 89 = LXXXIX, 136 = CXXXVI, 773 = DCCLXXIII.
11 Jahre (XI Jahre), 12 Jahre (XII Jahre), 1998 (MCMLXXXXVIII).

Seite 33: Sieb des Eratosthenes

Es gibt 25 Primzahlen, die kleiner als 100 sind.
Primzahl-Zwillinge: 3 und 5, 5 und 7, 11 und 13, 17 und 19, 29 und 31, 41 und 43, 59 und 61, 71 und 73.
Primzahlen zwischen 101 und 200:
101, 103, 107, 109, 113, 127, 131, 137, 139, 149, 151, 157, 163, 167, 173, 179, 181, 191, 193, 197, 199.

Seite 35: Puzzle mit Quadraten

1 = 1 x 1	18 = 2 x 9 = 3 x 6	35 = 5 x 7
2 = 1 x 2	19 = 1 x 19	36 = 2 x 18 = 3 x 12 = 4 x 9 = 6 x 6
3 = 1 x 3	20 = 2 x 10 = 4 x 5	37 = 1 x 37
4 = 2 x 2	21 = 3 x 7	38 = 2 x 19
5 = 1 x 5	22 = 2 x 11	39 = 3 x 13
6 = 2 x 3	23 = 1 x 23	40 = 2 x 20 = 4 x 10 = 5 x 8
7 = 1 x 7	24 = 2 x 12 = 3 x 8 = 4 x 6	41 = 1 x 41
8 = 2 x 4	25 = 5 x 5	42 = 2 x 21 = 3 x 14 = 6 x 7
9 = 3 x 3	26 = 2 x 13	43 = 1 x 43
10 = 2 x 5	27 = 3 x 9	44 = 2 x 22 = 4 x 11
11 = 1 x 11	28 = 2 x 14 = 4 x 7	45 = 3 x 15 = 5 x 9
12 = 2 x 6 = 3 x 4	29 = 1 x 29	46 = 2 x 23
13 = 1 x 13	30 = 2 x 15 = 3 x 10 = 5 x 6	47 = 1 x 47
14 = 2 x 7	31 = 1 x 31	48 = 2 x 24 = 3 x 16 = 4 x 12 = 6 x 8
15 = 3 x 5	32 = 2 x 16 = 4 x 8	49 = 7 x 7
16 = 2 x 8 = 4 x 4	33 = 3 x 11	50 = 2 x 25 = 5 x 10
17 = 1 x 17	34 = 2 x 17	

Aus einer Primzahl kann man kein Rechteck legen.
Aus Zahlen, die aus 2 Primzahlen gebildet werden, kann man genau ein Rechteck legen, ebenso aus Zahlen, die aus drei gleichen Primzahlen bestehen: 8 = 2 x 2 x 2 und 27 = 3 x 3 x 3.
Aus anderen Zahlen kann man mindestens zwei verschiedene Rechtecke legen.

Aus 2 x 3 x 5 x 7 = 210 Teilen kann man 7 Rechtecke legen.

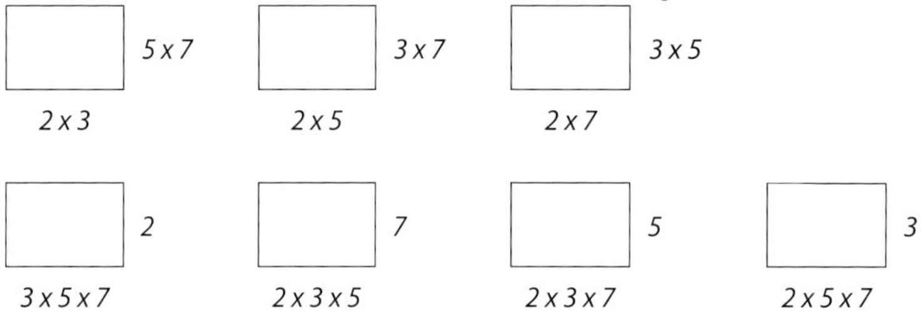

Aus 2^{10} = 1024 Teilen kann man 5 Rechtecke legen. Die kleine hochgestellte Zahl sagt aus, wie viele Male die Zahl 2 mit sich selbst multipliziert werden muss.

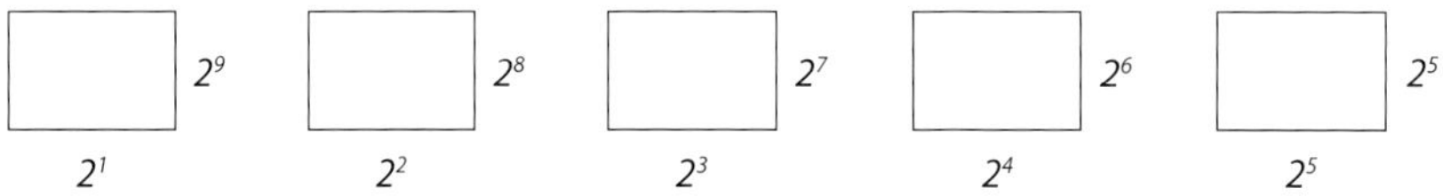

Aus 211 = 2048 Teilen kann man auch 5 Rechtecke legen.

Seite 36: Goldbachs Vermutung

Tabelle über alle geraden Zahlen zwischen 4 und 100

4 = 2 + 2	38 = 7 + 31	70 = 3 + 67
6 = 3 + 3	40 = 3 + 37	72 = 5 + 67
8 = 3 + 5	42 = 5 + 37	74 = 3 + 71
10 = 3 + 7	44 = 3 + 41	76 = 3 + 73
12 = 5 + 7	46 = 3 + 43	78 = 5 + 73
14 = 3 + 11	48 = 5 + 43	80 = 7 + 73
16 = 3 + 13	50 = 3 + 47	82 = 3 + 79
18 = 5 + 13	52 = 5 + 47	84 = 5 + 79
20 = 3 + 17	54 = 7 + 47	86 = 3 + 83
22 = 3 + 19	56 = 3 + 53	88 = 5 + 83
24 = 5 + 19	58 = 5 + 53	90 = 7 + 83
26 = 3 + 23	60 = 7 + 53	92 = 3 + 89
28 = 5 + 23	62 = 3 + 59	94 = 5 + 89
30 = 7 + 23	64 = 3 + 61	96 = 7 + 89
32 = 3 + 29	66 = 5 + 61	98 = 19 + 79
34 = 3 + 31	68 = 7 + 61	100 = 3 + 97
36 = 5 + 31		

Hier ist die eine Primzahl die kleinstmögliche und die andere Primzahl die größtmögliche.

Seite 39: König der Mathematik

Die Summe der ersten 20 ganzen Zahlen ist 210.
Die Summe der ersten 50 ganzen Zahlen ist 1275.
Die Summe der ersten 209 ganzen Zahlen ist 21 945.

Seite 43: Fibonacci-Folge

So errechnest du Zahlen, die nach 89 in der Fibonacci-Folge kommen:
55 + 89 = 144, 89 + 144 = 233, 144 + 233 = 377, 233 + 377 = 610, 377 + 610 = 987.
Und so kannst du unendlich lange weiterrechnen, aber im Buch ist kein Platz für mehr Berechnungen. Nach der Zahl 987 folgen 1597, 2584, 4181, 6765, 10 946 und so weiter.

Seite 44: Wie du innerhalb von 20 Tagen Millionär wirst

Tag	€	Summe
1	1	1
2	$2 \times 1 = 2 = 2^{1}$	1 + 2 = 3
3	$2 \times 2 = 4 = 2^{2}$	3 + 4 = 7
4	$2 \times 4 = 8 = 2^{3}$	7 + 8 = 15
5	$2 \times 8 = 16 = 2^{4}$	15 + 16 = 31
6	$2 \times 16 = 32 = 2^{5}$	31 + 32 = 63
7	$2 \times 32 = 64 = 2^{6}$	63 + 64 = 127
8	$2 \times 64 = 128 = 2^{7}$	127 + 128 = 255
9	$2 \times 128 = 256 = 2^{8}$	255 + 256 = 511
10	$2 \times 256 = 512 = 2^{9}$	511 + 512 = 1023
11	$2 \times 512 = 1024 = 2^{10}$	1023 + 1024 = 2047
12	$2 \times 1024 = 2048 = 2^{11}$	2047 + 2048 = 4095
13	$2 \times 2048 = 4096 = 2^{12}$	4095 + 4096 = 8191
14	$2 \times 4096 = 8192 = 2^{13}$	8191 + 8192 = 16 383
15	$2 \times 8192 = 16\,384 = 2^{14}$	16 383 + 16 384 = 32 767
16	$2 \times 16\,384 = 32\,768 = 2^{15}$	32 767 + 32 768 = 65 535
17	$2 \times 32\,768 = 65\,536 = 2^{16}$	65 535 + 65 536 = 13 1071
18	$2 \times 65\,536 = 131\,072 = 2^{17}$	131 071 + 131 072 = 262 143
19	$2 \times 131\,072 = 262\,144 = 2^{18}$	262 143 + 262 144 = 524 287
20	$2 \times 262\,144 = 524\,288 = 2^{19}$	524 287 + 524 288 = 1 048 575
21	$2 \times 524\,288 = 1\,048\,576 = 2^{20}$	1 048 575 + 1 048 576 = 2 097 151

und so weiter. Die kleine hochgestellte Zahl nennt man Exponent. Sie sagt aus, wie viele Male die Zahl 2 mit sich selbst multipliziert werden soll.

Seite 46: Luo Shu und andere magische Quadrate

Die Summe der Zahlen in einer Reihe = 15.
Zähle die folgenden Zahlen 1 + 2 + 3 + 4 + 5 + 6 + 7 + 8 + 9 = 45 zusammen und dividiere sie durch 3 (Anzahl der Reihen). Das ergibt 15.
Die Summe der Zahlen in einer Reihe = 34. Zähle die folgenden Zahlen 1 + 2 + 3 + 4 + 5 … + 15 + 16 = 136 zusammen und dividiere sie durch 4 (Anzahl der Reihen). Das ergibt 34.

4	9	2
3	5	7
8	1	6

8	1	6
3	5	7
4	9	2

6	1	8
7	5	3
2	9	4

6	7	2
1	5	9
8	3	4

Vorschlag für magische Quadrate der dritten Ordnung.

16	3	2	13
5	10	11	8
9	6	7	12
4	15	14	1

Vorschlag für ein magisches Quadrat der vierten Ordnung

Seite 48: Auf wie viele Arten?

6 Sorten: Die erste Kugel kannst du auf 6 Arten kombinieren und die zweite auf 5 Arten, also 6 x 5 = 30 Arten. Aber dann hast du dieselbe Eissorte 2-mal kombiniert, also musst du durch 2 dividieren:

$\frac{6 \times 5}{2} = \frac{30}{2}$ = 15 Arten (Kombinationen)

Eissorten: $\frac{15 \times 14}{2} = \frac{210}{2}$ = 105 Arten (Kombinationen)

Doppelkugeln werden so gezählt: 3 Sorten ergeben 3 + 3 = 6 Kombinationen, 6 Sorten ergeben 15 + 6 = 21 und 15 Sorten ergeben 105 + 15 = 120.

4 Gegenstände kann man auf 4 x 3 x 2 x 1 = 24 Arten arrangieren.
5 Gegenstände: 5 x 4 x 3 x 2 x 1= 120 Arten
6 Gegenstände: 6 x 5 x 4 x 3 x 2 x 1= 720 Arten
7 Gegenstände: 7 x 6 x 5 x 4 x 3 x 2 x 1 = 5040 Arten
8 Gegenstände: 8 x 7 x 6 x 5 x 4 x 3 x 2 x 1 = 40 320 Arten
9 Gegenstände: 9 x 8 x 7 x 6 x 5 x 4 x 3 x 2 x 1 = 362 880 Arten
10 Gegenstände: 10 x 9 x 8 x 7 x 6 x 5 x 4 x 3 x 2 x 1 = 3 628 800 Arten

Seite 52: Topologisches Spiel

Die Figur darf überhaupt keine ungeraden Ecken haben oder sie darf 2 ungerade Ecken haben (aber nur 2). Mit einer dieser Ecken musst du beginnen, um die Figur zeichnen zu können, ohne dass du den Stift einmal absetzen oder eine Linie zweimal ziehen musst.

Seite 54: Möbius'sches Band

Wenn du den Streifen 2-mal eine halbe Umdrehung drehst, 4-mal, 6-mal und so weiter (eine gerade Anzahl Male), hat das Band zwei Seiten und zwei Kanten.
Wenn du den Streifen 1-mal eine halbe Umdrehung drehst, 3-mal, 5-mal und so weiter (eine ungerade Anzahl Male), hat das Band eine Seite und eine Kante.

Seite 57: Ecken, Kanten und Flächen zählen

Die Antwort ist bei allen Arten Polyedern immer gleich 2.

Ein herzliches Dankeschön an …

Karin, Sara und *Elias Wallby* in Sollebrunn für enthusiastische Unterstützung und konstruktive Vorschläge und Ideen.

Henrik Dahl für die Überprüfung des Manuskripts im Hinblick auf Verständlichkeit.

Kimmo Eriksson von der Königl. Techn. Hochschule, *Clas Löfwall* von der Universität Stockholm sowie *Hans Wallin* von der Universität Umeå für gute Ratschläge und fachkundige Überprüfung des Manuskripts.

Kerstin Öjner für die sprachliche Überprüfung des Manuskripts.

Die *Schulbehörde* für ein Arbeitsstipendium, das mir einige Monate freie Zeit für die Arbeit am Buch ermöglichte.

Den *Naturwissenschaftlichen Forschungsra*t für einen Projektbeitrag, der mir u. a. Reisen und Literaturbeschaffung ermöglichte.

Quellen und Literatur

Burns, Marilyn: The I Hate Mathematics! Book
(Little, Brown and Company 1975)

Dahl, Kristin: Den fantastika matematiken (Fischer & Co. 1991)

Den sköna geometrin (Gidlunds Bokförlag 1985)

Furness, Anthony: Mönster i matematiken (Ekelunds Förlag 1988)

Lindberg, Doris – Kuijl, Birgitta: Hur man räknade förr
(Almqvist & Wiksell 1991)

Symmetrilådan (Reichsausstellungen)

Thomas, Bertil: Naturvetenskapens milstenar (Liber Utbildning 1993)

Thompson, Jan: Historiens matematik (Studentlitteratur 1991)

Ulin, Bengt: Att finna ett spår (Utbildningsförlaget 1988)

Ulin, Bengt: Liten guide för matematiska problemlösare (Liber Utbildning 1993)

Register